本书系《粮道街历史文化故事》课题研究成果（项目编号：2022H40009）

Bainian Liangdaojie

百年粮道街

张继才　韩文亮　著

长江出版传媒
湖北人民出版社

图书在版编目(CIP)数据

百年粮道街 / 张继才, 韩文亮著. — 武汉 : 湖北人民出版社, 2024.1（2025.2重印）

ISBN 978-7-216-10684-9

Ⅰ.①百… Ⅱ.①张… ②韩… Ⅲ.①商业街—文化遗产—研究—武昌区 Ⅳ.①TU984.13

中国国家版本馆CIP数据核字（2023）第147085号

责任编辑：于光明
封面设计：董　昀
责任校对：范承勇
责任印制：肖迎军

出版发行： 湖北人民出版社	**地址：** 武汉市雄楚大道268号
印刷： 武汉邮科印务有限公司	**邮编：** 430070
开本： 787毫米×1092毫米　1/16	**印张：** 17.25
字数： 282千字	**插页：** 2
版次： 2024年1月第1版	**印次：** 2025年2月第2次印刷
书号： ISBN 978-7-216-10684-9	**定价：** 68.00元

本社网址：http://www.hbpp.com.cn
本社旗舰店：http://hbrmcbs.tmall.com
读者服务部电话：027-87679656
投诉举报电话：027-87679757

《百年粮道街》编委会

粮道街：形胜与文化兼具

粮道街是一个行政地理概念，指的是粮道街道。本书所说的粮道街是一个空间地理概念。它东起小东门，西与中华路街相接，南抵蛇山北麓，北与积玉桥街相邻，其空间区域比作为行政地理概念的粮道街范围略小些。粮道街以辖区内一条街道名称命名。这条街因清朝粮道衙门设置于此而得名。

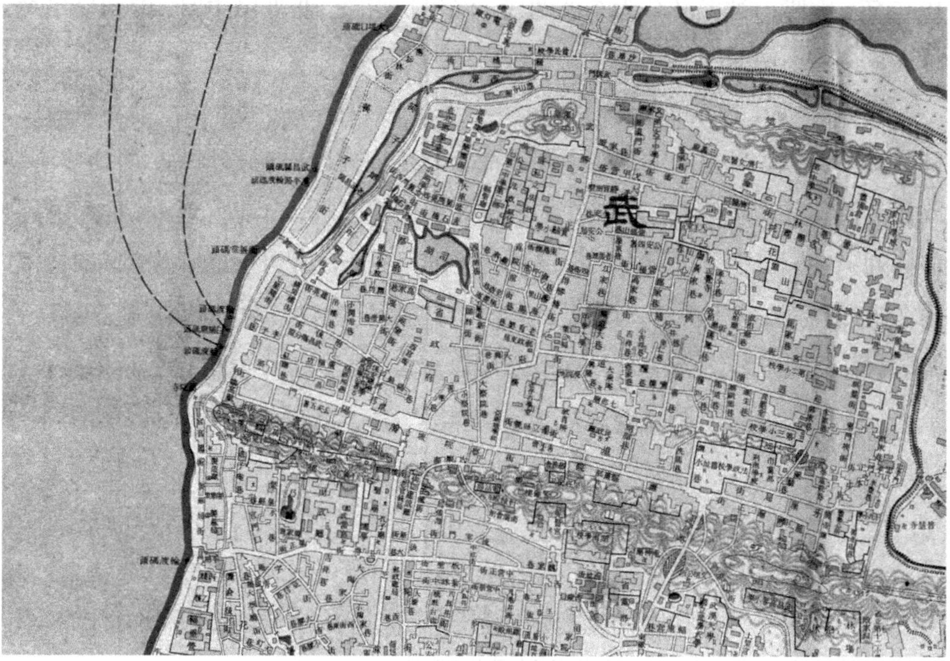

《武汉三镇市街实测详图（1929—1930）》中的粮道街区域

自古以来，粮道街就是一个形胜之地。武昌城内有十三山之说，最有气势者为蛇山，此外，就数粮道街辖区的三座山了。在粮道街辖区内，三座山成东西走向横亘其间，在花园山、螃蟹岬远眺，可以看到长江、沙湖。这样独特的地形特征在武昌城内只有东北隅才有，这就呈现了粮道街独特的自然景观，极具山水魅力。

粮道街三山最南之山为胭脂山，它西起横街，东到棋盘街，山石色赤如胭脂，故名胭脂山。山体东高西低，全长 1.06 千米，海拔 49.7 米。胭脂山是武昌城内著名的风景点，山上有“桃花坞”“竹风清”石刻。关于胭脂山的传说也不少，如传说南海观音赶赴王母娘娘的蟠桃盛会，途中停下休息时，不慎将胭脂盒打翻，胭脂盒掉落人间便化作了胭脂山。还有故事说，胭脂山上有很多桃树，故有桃花坞之名，也有人说桃花坞是文人雅集之社。所以，胭脂山有美丽的风景，也有美好的传说，自古以来，就有不少文人墨客以胭脂山为题材吟诗作文。1935 年前，居民往来粮道街和民主路（原胡林翼路），须翻越胭脂山。1935 年，胭脂山被劈开分为东西两段，修建胭脂路，北抵民主路，南到昙华林，解决了交通不便的问题。

粮道街三山之中间者为花园山，它全长 900 米，海拔 45.8 米。原名崇府山，又名崇福山，是明朝永乐年间崇阳靖简王建王府之地。时移世易，明朝被清朝取代。清朝乾隆年间，有一刘姓文人在此地修建园林，占地十余亩，称为霭园，俗称刘家花园，故名花园山。这里是著名的风景点，园内杂花亏蔽，亭榭错落。建在山麓高处的“佳山草堂”是绝佳观赏江湖风光之地。每当春暖花开或金秋时节，霭园的游客络绎不绝。这里既可以观赏花园风景，也可以登高俯瞰长江东去，还是儿童放风筝的理想之地。因此，引得文人骚客雅集唱和，留下不少优美诗文。

螃蟹甲是粮道街最北的一座山，因山体东端呈螃蟹钳子形状而得名，在武昌城最北边，因城墙建在山脊，故名城山，现在还可以见到几处城墙遗址。武昌区正在建设城墙博物馆，以便记住这段乡愁。该山全长 1800 米，海拔 57 米。山外就是沙湖，站在城山，沙湖美景尽收眼底。

粮道街大片区域处于三山之间，加上蛇山阻隔，使得蛇山以北（山后）的东部较为幽僻，而深受文人雅士的喜欢。抗战时期，著名作家老舍来到武汉，他特别偏爱粮道街辖区内的云架桥一带。老舍与在华中大学任教的游国恩（字泽丞）、包鹭宾（字渔庄）等教授过从甚密。他在《八方风雨》一文中说："在武昌的华中大学，还有我一位好友，游泽丞教授。他不单不准我走，而且把自己的屋子与床铺都让给我，叫我去住。他的寓所是在云架桥——多么美的地名！——地方安静，饭食也好，还有不少的书籍……云架桥呢，又是武昌最清静的所在，所以我决定搬了去。"在谈到对武汉三镇的印象时，老舍说："在蛇山的梅林外吃茶，在珞珈山下荡船，在华中大学的校园里散步，都使我感到舒适高兴。"[①] 同一时期在昙华林国民政府军事委员会第三厅领导抗战文化工作的郭沫若也说：昙华林是"僻静的地方"，政治部原本设在此处，但因为"要经过一条很窄而长的背街才能到达，那条背街只能够勉强通过一部小汽车。大员们嫌交通不便，不久便乔迁了"。[②]

在近代，粮道街是人文荟萃之地。这里华洋杂处，中西文化交融。除了大量传统宗教场所，如涵三宫、灵瑞道院、清修观、北城隍庙、正觉寺、灵山寺、关帝庙、双柏庙、雷祖殿、三义殿、观音庵、华严庵、三清宫、武圣宫、经如堂、华严精舍、叶公祠等几十处道观寺院外，还有崇真堂、圣诞堂、天主堂等多处西方宗教教堂，仁济医院、圣约瑟医院等西医院，文华书院、文学书院、布伦女校、懿训书院等西式学校。这里是近代教育发源地之一，清朝末年，有教会、官办、私立学校 20 余所，民国时期先后有 40 余所，同时开办的就有 30 余所。清末，官办的有 1903 年开办的东路高等小学堂、1905 年开办的道师范学堂、1905 年开办的工业传习所、1906 年开办的湖北军医学堂、1906 年开办的武昌府初等工业学堂、1906 年开办的省城民主实业预备中学堂、1907 年开办的湖北中等工业学堂、1909 年开办的第二文普通中学堂、1909 年开办的省城公立崇实女子两等（初等、高等）小学堂，此外，还有江汉书院。私立的有 1902 年开办的日新预备中学堂、1904 年开办的普通中学堂、1906 年开办的明新公学、1907

① 老舍：《八方风雨》，老舍著：《老舍散文集》，吉林出版集团股份有限公司2019年版，第199 ～ 201 页。

② 郭沫若著：《洪波曲》，百花文艺出版社 1959 年版，第 42 ～ 43 页。

年开办的滋兰女学堂等。民国时期，粮道街的学校有中华大学、文华大学（华中大学）、湖北省立甲种工业学校、湖北省立第一中学校、武汉中学校、湖北公立和私立法政专门学校、湖北省立女子职业学校、群化中学、启黄中学、荆南中学，等等。此外，近代建立的地方志编纂机构湖北通志馆、官办印书机构崇文书局也位于粮道街。

粮道街是新思想、新文化滥觞之地，是马克思主义传播的阵地，董必武、陈潭秋、恽代英、林育南等在这里办学校，创刊物，开书店，建团体，发起五四运动，声援五卅运动，宣传新思想、新文化，传播马克思主义。有“南陈北李”之称的陈独秀、李大钊先后来这里宣讲马克思主义理论。

抗战时期，粮道街是中国抗战文化的中心。300 位文化名人、近 3000 名文化工作者从祖国四面八方来到战时首都武汉，云集昙华林，在周恩来领导的第三厅的指挥下，掀起了抗战文化的巨浪，激励全国军民浴血奋战。

粮道街是学术繁荣之地。泰戈尔、杜威、孟禄、杜里舒、伯克赫斯特等世界级文化大咖来讲学，章太炎、康有为、梁启超、蔡元培、胡适、黄炎培、张君劢、张伯苓、马寅初、黄侃等一大批本土大师在此地演讲、执教。

粮道街培养了大批优秀学子，恽代英、陈潭秋、林育南、许白昊、陈昌浩、王亚南、张光年、胡风、废名、冯友兰等都是近代风云人物。

粮道街是名人荟萃之地，在这里学习、工作、革命、生活的有名有姓的人士达千人，仅政界名流就有张之洞、黎元洪、黄兴、居正、李书城、蒋介石、萧耀南、张群、陈诚、方本仁、徐源泉、何成浚、石瑛、张难先等。

粮道街凝结了特殊的文化个性，形成了独特的粮道街精神：救国救民的情怀，与时俱进的品质，敢为人先的斗志，勇于牺牲的精神。

粮道街风景优美，文化璀璨，保护好、传承好、利用好粮道街文化遗产是新时代的使命。

目　录

粮道街的地名

Liang Dao Jie De Di Ming

西
1455m
粮道街
W
Liangdao St.
E

粮道街：古街古巷，古色古韵

历史文化街区粮道街，古色古香，文韵悠悠，每一条街都是一个文化故事，每一条巷都有动人传说，彰显其内涵丰富、引人深思的历史底蕴。

这条街有五六百年的历史。粮道是一个官名，也称督粮道，负责督理粮储。粮道督署具体地址就在今天武昌的文华中学处。从粮道街现存地名“常平仓”“丰备仓”就可以看出，明清时期那里就是囤积粮食的地方。

粮道街的地名是古老淳朴的。在得胜桥北段东侧，有一条向东而又转南的道路，是明清两代进出战马的通道，名字就叫马道门，从此道就可以出武胜门，不必走武胜门正街，以免影响正街人群正常通行。其余，如东城壕、西城壕、三义村、戈甲营、操家塘等地名，都简单明了，一看就知道其来历，好像粮道街人的性格一样——直来直去。

粮道街的地名也是富有想象力的。像胭脂山、棋盘街等，在民间就流传着美丽的传说。2003 年 7 月 7 日《楚天金报》刊载：

> 在武昌棋盘街，十多年前还有好几口古朴的水井，但对这些古井以及棋盘街名字的来历，当地许多居民都说不清个所以然。
>
> 经打听，记者从几位老人处得知，这些都源于一个古老瑰丽的神话传说。
>
> 相传天上的南斗、北斗两神棋艺都很高，经常在一起比输赢。一次，他们拿着棋盘和棋子，想到人间寻一清净处好好杀一盘，看到蛇

山树木葱翠，非常幽静，就在蛇山的百步梯下摆开“战场”。两神斗得难解难分，南斗突然下了一着好棋，料想对方一定不能破解，不禁十分得意。

北斗冥思苦想了一会儿，竟以一绝着解了围。南斗激动之下，猛地把棋盘一拍，大叫：“高！”满盘棋子被震得四下飞散。

这盘棋虽未下完，两人还是心满意足地回到了天上。而他们的棋盘就永远留在了蛇山的百步梯上，不久这个棋盘被风雨在一块巨石上冲刷了出来。

后来，人们仿照百步梯上这个棋盘的样子，建成了棋盘街，而那些被南斗拍飞的棋子飘飘荡荡落下来，变成了街上星罗棋布的几十口水井。

这个故事相当富有想象力。

粮道街的地名也有美好愿景的寄予。谁曾想一条再普通不过的、小到不能再小的破旧的巷子，曾有琅琅的读书声，并且对未来充满美好憧憬的赶考人均寄居此处。这条85米长的小巷位于花园山西路，名叫太平试馆巷。明清两代，无数学子在这里放飞梦想，奔赴近在咫尺的凤凰山麓的贡院参加科考。武胜门则寓意出城征战，取得胜利，这是武昌城北面唯一一座城门。得胜桥也有同样的美好愿望。

粮道街的地名也不乏浪漫温馨。

“云架桥——多么美的地名”，这个幽静的所在曾给抗战时期的老舍一个大大的惊艳。文人总是要寻找静谧之处：“云架桥呢，又是武昌最清静的所在，所以我决定搬了去。”[①] 老舍似乎有点迫不及待了。云架桥是南北走向的一条小街，南起粮道街，北至昙华林，400米长，几米宽，是通往丰备仓的运粮古道，沿着这条古道，有一条小溪，在小溪上架起一座桥。这座桥常常被云雾缭绕，好似架在云端，于是被命名为云架桥。当然，这座桥和小溪早已不在了。

粮道街的地名也不乏神秘之感。昙华林的来历就让武汉人不知追问了多少

① 老舍：《八方风雨》，《老舍散文集》，吉林出版集团股份有限公司2019年版，第199页。

年。2013 年，著名学者严昌洪教授破译了这个密码。他于是年在《光明日报》上发表《昙华林考》，引起社会各界广泛的关注，人民网、凤凰网、荆楚网、《长江日报》等多个媒体作了报道。2013 年 10 月 10 日《长江日报》以《华中师大教授严昌洪：昙华林因“昙华林”寺院得名》为题报道说：

武昌昙华林因何得名？昨日，历史学家、华中师范大学严昌洪教授向记者公布了其最新研究成果：早在近 200 年前，这里就有一座叫“昙华林”的寺院，古街因寺得名。

严昌洪教授告诉记者，昙华林作为地名，见诸文字记载始于清代，因“花”与“华”在古代通用，此街也称“昙花林”。

民间广为流传的说法是，因此处人家花园内多植昙花，聚而成林，故得名。还有一种说法则认为昙华林是从佛语衍化而来。1938 年武汉抗战时期，郭沫若曾在昙华林住过。他在《洪波曲——抗日战争回忆录·昙花林》中说：“昙花林在武昌城内……文华大学的对面……照名称看来，以前大约是什么佛教的建筑吧？这一段古我却没有工夫考过。”

“郭沫若到底是知识渊博的大学者，仅从‘昙花林’名称就联想到与佛教有关。”75 年之后，严昌洪循着郭沫若的思路，查阅史料，终于在《湖北文徵》第十一卷找到黄冈人刘溱的《重游昙花林小记》一文。文章开宗明义指出：“昙花林者，鄂城祇园之别构也。”“鄂城”就是武昌，“祇园”是佛寺的代称，“祇园之别构”就是指佛寺的一种建筑无疑。

据严昌洪教授考证，刘溱为同治元年（1862 年）举人，官至武昌府教授。其祖父曾在此寺院中读书。道光三十年（1850 年），刘溱曾陪同祖父前往昙华林游览，并记下所见所闻。

严教授说，从文章可知，昙华林原是一座建筑宏大、环境幽静的古老寺院，至少在清朝嘉庆、道光之交已经存在了几十年，到道光末年达到鼎盛。后来被太平军毁坏，寺院破败，几成废墟。残存的建筑应该在20世纪30年代尚在，那就是郭沫若看见的“地方很宽大，房屋很多，红油漆都已经快泛黑了的那些很旧的建筑”。

严昌洪认为，昙华林因寺名而成地名，所以同治《江夏县志》提及“丰备仓”“龙王闸”（位于武昌城东北城墙下）均在昙华林，而不是说在昙华林附近，可见昙华林在当时已经是地名，一直沿用至今。

粮道街一带历史地名很多，是武昌地名宝库，关于武昌和粮道街地名的书籍、文章不少，此不赘述。

2020年，“武汉市第一批地名文化遗产保护名录”正式公示172个地名，包括古镇5个、名村12个、纪念地22个、古桥10个、重要自然地理实体40个、近现代重要地名83个。在近现代83个重要地名中，粮道街、昙华林、戈甲营名列其中。

湖北巡抚与巡抚衙门

湖北巡抚是湖北全省最高行政长官。1644年，清政府设置湖广巡抚，驻节武昌。1664年，湖广分省，改湖广巡抚为湖北巡抚，驻地仍在武昌。有清一代，湖北巡抚曾于1898年和1904年两次裁撤，端方成了最后一任湖北巡抚，他于1904年卸任后，1905年1月24日，湖北巡抚裁撤。湖北巡抚就再也没有恢复独立建制，直到清廷倾覆。

湖北巡抚衙门，也称抚台衙门、抚院衙门，俗称抚署，初设小东门，后迁胭脂坪。胭脂坪在今粮道街辖区，位于今民主路与胭脂路交会处东侧。抚院衙门所在的街道因此得名抚院街。湖北巡抚衙门占地2万平方米，有大小房屋163

位于胭脂坪的湖北巡抚衙门

间。有清一代，担任或署理湖北巡抚者过百人。

1853 年 1 月 12 日，太平军攻入武昌，17 日，湖北巡抚衙门迎来了一位新主人，他就是太平军领袖天王洪秀全。洪秀全在此设立天王府，作为农民起义军最高权力机关和行宫。为了庆祝洪秀全 41 岁的生日，来天王行宫向他进贡的人群络绎不绝，大街小巷，爆竹声震耳欲聋。太平军在武汉打击清朝官兵，分发粮食给群众，动员群众支持革命，大批群众踊跃参军，起义军扩充到 50 万人。2 月 9 日，太平军分水陆两支离开武汉，顺流东下，3 月底，攻克南京，建立与清王朝对峙的农民政权——太平天国。

太平天国对清政府的打击是沉重的，对湖北巡抚的打击也是致命的，有好几个巡抚因此而殒命，以至于不少人视其为不祥之地，甚至，太平军失败后，曾国藩对此还心有余悸。

1866 年 2 月，曾国藩九弟曾国荃由山西巡抚调任湖北巡抚。曾国藩闻讯后，急忙催促乃弟上任，此时，曾国藩任两江总督，镇压捻军。他苦于两江与湖北呼应不灵，朝廷的人事安排正好解决了他的急需，所以，他催促曾国荃走马上任。4 月 2 日，曾国荃从长沙启程，赶赴湖北上任，10 日抵达武昌。曾国藩还为乃弟出谋划策。他告诫乃弟：巡抚要处理的大事很多，不要事事亲临前线，只能偶尔督战，应该派一个可靠的统领，在前线指挥军事，自己驻扎在黄州或德安或襄阳即可。为什么呢？曾国藩解释说，一方面，驻扎省城之外，是表明一种姿态——久驻前线，尽瘁报国；另一方面，是为了避开巡抚衙门。因为，湖北巡抚衙门风水不吉利，曾国藩甚至说，“历年来都有明显的预兆，也能够稍加躲避，回避是为了正事，不是特意为自己”。[①] 的确，晚清以来，湖北巡抚的结局似乎都不太好。从 1838 年巡抚伍长华因总督周天爵牵连被革职以来，继任者的命运都不完美。吴文镕战败于太平军，自杀；钱宝琛未赴任即患病；龚裕在任上病死；常大淳战败自杀；崇纶战败自杀；青麟战败遭弃市；陶恩培城破自杀；胡林翼也在任上病死；李续宜转任安徽巡抚，病死；严树森降职；罗绕典在任上病死。在曾国藩看来，似乎只有赵炳言例外，而曾国藩本人也曾署理湖北巡抚，不过时日很短，只有 7 天，似乎没有什么发生。乍一看，还真令人不寒而

① 曾国藩：《曾国藩家书》，线装书局 2012 年版，第 1208 页。

粟。实际上，这个时期是一个社会大动荡时代，湖北又处于南北交会点，处于斗争的旋涡之中，尤其是太平天国四下武汉，三次攻破武昌城，使得湖北地方官吏时时面临危险，“非死即败”似乎是一个魔咒，成为一个普遍的现象。这与风水没有什么关系，而是与时局变迁大有关系。

曾国荃在湖北任上似乎还比较平安，但1867年巡抚衙门后院五福堂一场火灾也把他吓得不轻。曾国荃疑心是仇家或是会党哥老会干的，也许曾国藩的那个告诫让他有点害怕，他居然急得生了一场病。乃兄曾国藩及时安抚、开导，曾国荃才缓过神来。此后，曾国荃不仅不像那些前任那么倒霉，反而官运亨通，升任总督、尚书，加太子太保。

在晚清湖北巡抚中，同样出身湘军的胡林翼是少有的一位有作为的封疆大吏（张之洞除外，他曾以湖广总督兼任湖北巡抚）。

胡林翼（1812—1861），字贶生，号润芝，湖南益阳人。1836年中进士，授编修，先后充会试同考官、江南乡试副考官。历任安顺、镇远、黎平知府及贵东道，1854年升任四川按察使，次年调任湖北按察使，后升湖北布政使、署巡抚。他是晚清中兴名臣之一，湘军重要首领。逝后赠总督，谥文忠。

胡林翼

1855年3月，胡林翼署理湖北巡抚，翌年实授，直至1861年去世。胡抚鄂颇有政声。一是整顿吏治。胡林翼重视选拔重气节、明廉耻的官员。在胡林翼治下，湖北官场风气正、人才多。二是发展经济。他整顿盐政，打击奸商；整顿漕运，严惩贪墨。湖北改变了财政窘况，收入增长很快。三是整军经武。他裁汰羸弱，挑选精壮；严明纪律，赏罚分明；勤于训练，明耻教战。经过整顿，湖北军队遂成为湘军的主力。在胡林翼的改革下，经过长期战乱的湖北逐渐恢复元气，并为打败太平天国奠定了基础。近代教育家张继煦评价说，在晚清湖北督抚中，胡林翼是仅次于张之洞的有为之人。张继煦说：“胡当地方残破之余，理财练兵，使湖北一变而为富强。

东征各军，倚此以削平大难。而减漕积谷，鄂人尤歌颂其惠政。”①

1903 年，湖北巡抚衙门发生的一件事，对董必武的成长来说，似乎大有关系。这年 8 月，董必武从黄安（今红安）来到省城武昌，参加乡试。这是董必武第一次来省城，来粮道街。初到省城，所见所闻都很新鲜，很新奇。他路过巡抚衙门时，好奇地张望了一下，哪知道守卫竟然污蔑他“窥探官衙”。董必武无辜遭此灾祸，十分气愤，弃考还乡。两年后，董必武走上了革命道路，成为一名辛亥革命志士。

1904 年，湖北当局对巡抚衙门进行维修，准备作为庆贺慈禧太后七十大寿的会场。此次维修大张旗鼓，房屋内外焕然一新，各项陈设、物件由湖北善后局承办，仅菊花就有四千余盆。

1905 年，湖北巡抚被裁撤，衙门改为贤良祠。1908 年，湖北创设湖北法政学堂于此，1912 年更名为湖北法政专门学校，迁移至贡院街，1924 年与私立法政专门学校合并为湖北省立法科大学，1926 年并入国立武昌中山大学。湖北省立法科大学及其前身培养了不少法政人才，师生中有不少名人。光绪年间进士、法学教育家、书法家邵章曾任湖北法政学堂第一任监督，民国政坛风云人物褚辅成、黄群等曾在该校执教。民国政坛、军界著名人物韩玉辰、夏国璋等，革命烈士施洋也是该校校友。

1915 年，巡抚衙门一部分成为黎元洪公馆。1913 年，黎元洪离开武昌，赴北京上任中华民国副总统，实际上被袁世凯调虎离山。一到京城，黎元洪就被控制起来。黎元洪委托亲戚购置巡抚衙门部分房产，改造后的黎元洪公馆共有八栋建筑，中西合璧式的两层楼房，红瓦四坡顶，清水红砖墙，高台基，透空层，木地板。每栋房屋样式各异，风格不同。

1936 年，巡抚衙门变为居民区。《武昌老建筑》记载，1937 年“七七事变”后，此处成为国民政府军事委员会宣传部和第二侍从室办公之处，当时，武汉是战时首都，国民政府和国民党不少机关迁到了武汉。据说蒋介石也曾在此办公。

---

① 张继煦著：《张文襄公治鄂记》，湖北通志馆 1947 年出版，第 7 ～ 8 页。

张之洞在花园山修建吴公祠

张之洞是湖北近代史上绕不开的人物，是湖北近代化的推动者，正是在张之洞督治下，武汉后来居上，“驾乎津门，直追沪上”，对外贸易和工业规模仅次于上海。

张之洞

张之洞（1837—1909），字孝达，号香涛，又号壶公、无竞居士，晚年自号抱冰老人。祖籍直隶南皮（今河北省南皮县），出生于贵州贵筑县（今贵阳市），一说贵州兴义府（今贵州省安龙县）官僚家庭。1852 年，16 岁中顺天府解元，1863 年，27 岁中进士第三名探花，授翰林院编修，历任教习、侍读、侍讲、内阁学士、山西巡抚、两广总督、湖广总督、两江总督（署理）、军机大臣等职，官至体仁阁大学士。

1889年，张之洞来到武昌，任湖广总督。他督鄂18年，对湖北的贡献很大。在武汉，他的功绩颇多。

他修筑了武昌长江 90 里江堤，不仅消除了长江水患，而且为百姓提供了大量的良田；他修筑了汉口后湖大堤，不仅免除汉口水患，而且大大拓展了市区发展的空间；他在武汉三镇兴修马路，开凿隧道，开辟城门；他创办武昌警察总局，兴办狱政；他建立邮政，铺设水电设施。他的举措推动了武汉市政近代化。

他改良农作物品种、生产工具，推广先进技术，整顿茶务、蚕务，发展农业；

他开办劝业场，组织商品展会、赛会，鼓励集资，实行规模化经营，振兴商业；他创办汉阳铁厂，建立纺纱、织布、制麻、缫丝四家纺织企业和制革厂、造纸厂等一系列轻工企业，建立起较为完整的近代工业体系。他的措施推动了武汉经济近代化。

他改革八股取士，推动清政府废除科举制度；他制定近代第一个简易学制，主持制定第一个由朝廷颁行的学制——癸卯学制；他创建军事学校、普通学校、实业学校等各级各类新式学校，派遣留学生，湖北学校数量和留学生数量名列全国第一；他创办系列官报，支持报刊发行，建立图书馆、译书局，发展图书出版事业。他推动了武汉教育近代化，使湖北文教走在全国前列。

他建立第一支地方海军——湖北水师，创建近代化的湖北新军，推动了湖北乃至全国军事近代化。湖北新军是实力仅次于北洋新军的一支地方部队。

张之洞工作十分勤勉，事必躬亲，常常深入工厂、军队、学校，甚至微服私访。他特别重视教育，经常去学校考察，他善待读书人，凡是派遣出国留学，出国时必亲自饯行，回国时必亲自接风。他在粮道街创办或支持创办不少学校，如东路高等小学堂、道师范学堂、湖北中等工业学堂、湖北军医学堂、武昌工业传习所等。凤凰山上的炮台也是他所建。

耐人寻味的是，发动武昌起义的主力军，正是他培养的学生和新军。在武昌起义中，革命党人用他修建的炮台，轰击藩署衙门，为起义胜利立下大功。在阳夏战争中，炮台不仅用来封锁江面，而且炮轰汉口、汉阳的清军，保卫武昌的安全。历史学者们总结道，这是张之洞“种豆得瓜”的结果。的确，历史的走向常常不以人的意志为转移。

按照常理，他应该来过粮道街，但是书上却没有记载。1904 年 11 月 16 日《申报》的一篇新闻，则提供了史料依据。

这篇新闻报道说：本月 6 日，湖广总督张之洞率随员多人来到花园山，测量地址。至于此行目的，新闻报道说：“不知有何兴作也。”[①] 此篇报道非常简略，给人留下很大的想象空间：张之洞意欲何为？

---

①《三楚客谭》，《申报》1904 年 11 月 16 日第 9 版。

12年之后，《申报》揭开了这个谜底。1916年6月16日，该报报道说，当年，张之洞来到花园山，是为了修建吴文节公专祠。吴文节公即前清湖广总督吴文镕。吴文镕（1792—1854），江苏仪征人，字甄甫、云巢，号竹孙。嘉庆进士。历任侍读学士、顺天学政、刑部侍郎等职。1839年任福建巡抚。鸦片战争时，协助总督邓廷桢筹办防务，旋护理闽浙总督，次年改任江西巡抚，后擢云贵总督。1852年调任闽浙总督，不久改任湖广总督，在武昌对抗太平军。1854年在黄州（今湖北黄冈市黄州区）被太平军打败，投水自杀。

吴文节公祠在《湖北通志》中也有简略的记载：吴文节公祠修建于1884年，原址在碌石山，1904年移建于崇福山正卫街城隍庙故址。

颇有意思的是，《申报》这则新闻还提到了一桩纠纷。花园山居民刘鼎年声称：修建专祠的土地是张之洞向他借的，期限是10年。可是，10年后，官府并没有退还租地，刘鼎年遂要求官府归还，湖北巡按使认为刘鼎年没有确凿证据，于是，断然拒绝了这一要求。

张之洞在粮道街的足迹应该不止这些，只是没有新的史料证据。但他对包括粮道街在内的武汉，对湖北贡献很大。为纪念张之洞，武汉市和相关单位建立了一些设施，如蛇山上的抱冰堂、中山公园的张公亭、武昌严西湖畔的张公寨、汉阳的张之洞与武汉博物馆、紫阳湖公园的张之洞在武昌事迹展览馆、武汉科技大学的张之洞文献馆等，武汉大学、华中农业大学、武汉科技大学、湖北经济学院、武汉市第十四中学、武昌造船厂等单位的张之洞铜像，以及以他的名字命名的张之洞路、张公堤，等等。

新鼓楼洞与武昌路

蛇山洞又名武昌洞、新鼓楼洞。所谓武昌洞，是因为此洞在武昌路上。所谓新鼓楼洞，是区别于原鼓楼洞而言的，实际上是没有鼓楼的鼓楼洞。蛇山横亘武昌城，把武昌城分成南北两个部分，当地交通极为不便，从南到北必须翻山越岭。鼓楼洞原是蛇山西段临江的山洞，是人工隧道，原为明代开凿，1935年拆除，次年建成蛇山桥。鼓楼洞开凿便利了南北交通，但毕竟在蛇山最西段，中段与东段仍然很不方便。

1904年，根据湖广总督张之洞的安排，总兵张彪督率士兵3000人开凿山洞，洞穿蛇山而过，长170丈。洞一经凿通，交通就便捷多了，此洞就是新鼓楼洞。开凿此洞花费时间1个多月。

后来，因漏水、石头崩垮，新鼓楼洞交通受阻。1912年6月，副总统黎元洪下令陆军工程局总理罗鸿升进一步开凿蛇山洞，罗鸿升督率工人开工。开凿前，南北两边的老营屋和旧民宅被官方收购后，拆除一空。这个工程非常险要，山石坚硬，花了近两年时间才贯通，耗银10余万两（一说20余万两）。

蛇山洞工程似乎是好事多磨。在炸山时，数名工人被炸毙，3名行人也因此罹难。1913年6月25日，《神州日报》报道说，6月5日，山洞开穿，深30余丈，宽5丈多。洞中及两旁开穿后发现有滑石，但工程局并不重视，任人挑取，以至于洞上方石头松动，下坠，砸伤工人2名，砸死1人。行人也被压死2人，跌毙1人。工程局和警察急忙采取行动，张贴告示，禁止行人来往，警察还守住洞口，阻止行人穿洞而过。由于洞内围墙工程尚需时日，工人心有余悸，不敢入洞作业，工程局便加筑撑柱。

蛇山洞穿通之时，原计划在洞口上方铸立彭刘杨三烈士铜像，但湖北都督段祺瑞以其功劳不大而否决，后议以黎元洪铜像代替，但被黎元洪力辞。但洞口两端拱顶正中外墙上的匾额“武昌路”则是黎元洪题写。

1914 年 6 月，工程全部竣工。工程处总理罗鸿升在洞口立下石碑，以示纪念，碑文内容主要是介绍武昌洞开凿经过。

武昌洞的开通，大大方便了山前山后的交通，从阅马场穿山洞可以直达胭脂坪（今民主路），这条路原计划命名为黎元洪路，为黎元洪所不许，最后被命名为武昌路，以此纪念武昌起义。

但是，1914 年 7 月，蛇山洞突然出现了状况。国内数家媒体不约而同地报道了蛇山洞的消息，这个消息是令人揪心的。7 月 3 日《申报》、7 月 12 日《盛京时报》都以“蛇山洞全功尽弃”为题，7 月 2 日的《时事新报》报道的题目是“蛇山洞崩裂”。原来，6 月 25 日中午，蛇山洞前门顶上突然炸裂，口径约有 4 尺多宽，26 日下午，又霹雳一声，原口处又溃裂数丈，山石大量堆积，通道堵塞。因为前一日出现状况，行人稀少，崩裂时仅伤一人。当局派人进行勘察。工程是陆军工程局主办，但该局将此工程转包给李某，李某签协议，保证工程十年坚固。不料工程完工仅仅一个月就发生重大事故。调查发现，李某偷工减料，洞顶没有使用水泥凝固，仅仅使用泥沙。经雨水浸灌，泥沙膨胀，山石崩溃。哪知道调查刚一结束，北门至洞内中段又轰然倒塌 20 余丈。真是屋漏偏逢连夜雨，一个好端端的隧道几乎全功尽弃。

经过抢修，7 月蛇山洞再次被打通。由于山洞南北人流如织，加上空地较多，湖北都督段祺瑞（此时黎元洪已被调离湖北，在北京被袁世凯监控起来，袁世凯心腹段祺瑞被任命为湖北都督）下令在山洞南北开设商场，振兴商务。接到命令后，商场公产局会同江夏县知事，商定办法，在洞口两端，沿着山体修建房屋，招商经营，按月征收课租，每月 300 文，商户闻讯，十分踊跃。至次年春，工程竣工。

维修后的蛇山洞依然一波三折，险象环生。1915 年，洞顶滴水，山前洞顶石头倒塌，泥土下沉，虽对通行并无大碍，但隐患很大，8 月 26 日，《神州日报》

武昌路蛇山洞

以《呜呼！武昌路之工程》作了报道。1916年，蛇山洞再次坍塌，影响通行，1919年则完全堵塞。虽经省议员等多次提议修复，但未能实施。1921年，省长曾下令修复，省警务处也拿出了方案，但没有了下文。1928年，武汉市工程委员会决定招标维修，不久动工，次年完工。

1938年武汉会战前，日寇轰炸武汉，不少市民来洞中躲避，蛇山山顶则设有高射炮阵地，轰击来犯敌机，日军占领武汉后，此洞变成日军军火库。

有着百年历史的蛇山洞和武昌路见证了武昌城的发展和变迁。

粮道街莺坊巷：一个有故事的地方

莺坊巷位于武昌区粮道街中段北侧，南北走向，南起粮道街，北至候补街，长 210 米，宽 2 米，土路上铺条石。相传此地居民以驯养黄莺为生，故名莺坊巷。1967 年改为中华二巷，1972 年恢复原名。莺坊巷有原武昌最大的房屋群，共有 10 余栋房子，名曰尚书巷。巷口有巨大的墙壁，中间辟有长形圆门，门缘有“紫气东来”四个字。每栋房屋都有四进。可见规模之大、规格之高。这里的房屋群原属于清朝时期刘长毛所有。刘长毛姓刘，“长毛”是民间对太平军的俗称。在太平军攻入武昌后，刘长毛加入太平军，后随太平军打到南京。他是太平天国的官员，在此处购置不少房产。莺坊巷有个沙井，水质很好，冬暖夏凉，20 世纪五六十年代，居民还在使用。

莺坊巷地处武昌胭脂山，僻静清幽，适合居住，近代爱国诗人、广西容县人封鹤君曾赋诗一首。

莺坊巷

地僻车声悄，庭空鸟迹倜。
湿云遮断梦，细雨织春愁。
得句从儿诵，停杯与妇谋。
故人江海去，相送一登楼。

在近代，不少文人、政要选择在此地居住，因此，使得这里藏龙卧虎，成为一个有故事的地方。

晚清官员、词人况周颐曾居住于此。况周颐（1859—1926），原名况周仪，因避宣统帝溥仪讳，改名况周颐。字夔笙，一字揆孙，别号玉梅词人、玉梅词隐，晚号蕙风词隐，人称况古、况古人，室名兰云菱梦楼、西庐等。广西临桂（今桂林）人，原籍湖南宝庆。1899 年夏，况周颐住在莺坊巷，与程颂万比邻，时相过从谈艺。

况周颐

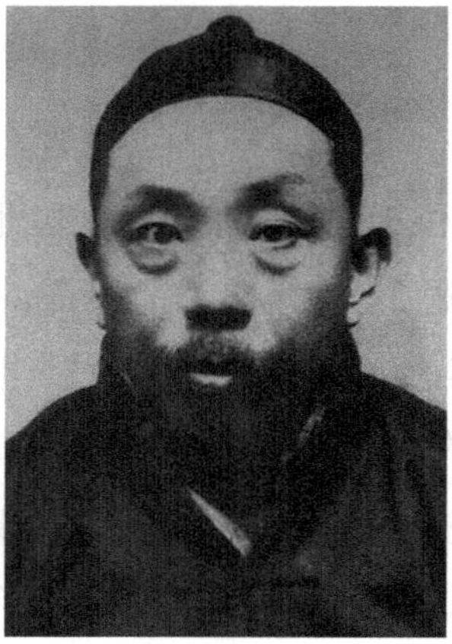
程颂万

程颂万（1865—1932），字子大，一字鹿川，号十发居士。湖南宁乡人。出身于官宦世家与文学家族，博学多识、才华横溢，是教育家、实业家、文学家。

早年的程颂万还在粮道街办过学。1897 年，程颂万创办私立湖北中西通艺学堂，这是一所私立性质的学校。因为政府经费不足，无法培养更多的人才，所以，创建私立学校，可以弥补政府经费的缺乏。湖北中西通艺学堂是一所新式实业学校。除教授传统的经史之学外，主要向学生传授舆地、图算、文艺和英语、法语等西学。学生分内课生与外课生两类，前者学习期限一至三年，后者五个月至一年。外课生可以不习中学，即经史之学。学校初设于三道街，后迁入巡道岭（今粮道街东段），农历七月正式开学。

况周颐与程颂万都是文学家，志趣相投，在此唱和雅聚，倒是很惬意。

辛亥革命时期，陈达五、陈云五住在莺坊巷 24 号（现为 13 号），兄弟两人都是革命党人。革命党在这里设立了秘密机关，联络党人。陈达五即陈宏诰，读小学时就参加了日知会。1907 年考入粮道街区域昙华林的湖北中等工业学堂，其同学彭晟、赵师梅、赵学诗、陈磊、陈霖、江家瑞、傅盐梅等人先后倾向革命。1910 年因参加学潮，陈宏诰被开除。1911 年 10 月 10 日武昌起义前夕，文学社与共进会联合建立领导起义的组织机构，并在武昌建立军事机关，在汉口建立政治机关。陈宏诰任政治筹备员（一说任职调查部），是核心成员，常在这两个机关活动。10 月 9 日，在小朝街 85 号与刘复基、彭楚藩等人被捕。起义爆发，陈宏诰获释，参加湖北军政府的组建，是革命党“八大金刚”之一。南北和谈告竣、武汉战事结束后，陈宏诰等人建议湖北设立临时议会，得到批准后，他主持临时议会选举工作，直到议会建立。1912 年民国成立后，中央政府下令奖励武昌起义有功人员，要求湖北上报名单。湖北上报 600 多人，分甲乙丙丁四个等级，其中，甲等功勋获得者 136 人，陈宏诰名列甲等第四。民国初年，陈宏诰参与政党活动。20 世纪 20 年代，陈宏诰参与反对湖北督军王占元统治的湖北自治运动。

早期中共党员黄负生在1915年前后至1919年曾居住在莺坊巷22号，那时，他在武汉中学、中华大学、湖北省立女子师范学校任教。进步知识分子恽代英、林育南、李伯刚、郑遵芳等常来他家讨论改造中国的方案，一起组织社团，一起从事新文化的宣传。

在国共合作的背景下，1925 年 7 月 21 日，国民党湖北省党部成立。15 日至 20 日，国民党湖北第一次代表大会在武昌举行。共产党人陈潭秋、钱介磐、吴崇德（吴德峰），国民党左派张国恩、郝绳祖、张朗轩等当选执委。位于武昌中营街和粮道街莺坊巷的郝绳祖家，成为秘密会议点。

1926 年 5 月 22 日，中国共产主义青年团湖北区执行委员会在武昌粮道街莺坊巷改选产生新的委员会：书记黄镜，组织委员李子芬，宣传委员周延庸，学委书记文监周，经委书记吴景中，武部书记黄镜（兼），汉部书记王达祥（后为漆昌元）。9 月，北伐军攻占汉口、汉阳后，中国共产主义青年团湖北区执行委员会成立，机关驻地在府院街 8 号。

此外，原湖北省政府主席孔庚、湖北省民政厅长孟广澎、警察厅长蔡孟坚、湖北省立第三小学校长梅一略、武汉大学教授郭霖等都在此居住。著名的大案——武昌掘金案就发生在此。

1938 年 10 月日军侵入武汉，抗日战争进入相持阶段。日寇在武汉无恶不作，莺坊巷一带成为日军养马之地，尚书巷 10 余栋房屋全部被摧毁。

粮道街与辛亥革命

Liang Dao Jie Yu Xin Hai Ge Ming

粮道街是辛亥革命的策源地

如果说武汉是辛亥革命首义之城，那么，粮道街则是湖北辛亥革命的策源地。

花园山聚会是湖北第一个革命团体。花园山聚会始于1903年，地点是花园山李步青寓所（租住孙茂森花园），参与者有曹亚伯、耿伯钊、朱和中、时功璧、时攻玖等，经常集会者军界、学界前后共有20余人。其发起人是吴禄贞。

吴禄贞（1880—1911），字绶卿，湖北云梦人。1896年入伍，次年入湖北武备学堂，1898年官派日本留学。在日本，吴禄贞学习骑兵，是士官三杰之一。他积极投身革命，加入了孙中山领导的兴中会。1900年曾参与领导庚子自立军起义，失败后再赴日本完成学业。1902年回国，任武普通中学堂教习，后在军队中任职。回国伊始，便进行革命活动。

花园山聚会成员开展革命宣传和组织活动，有明确的分工，特别重要的是，他们确定了打入新军的方略，这是湖北革命党人制胜之道。花园山聚会的参与者耿伯钊认为，吴禄贞是"湖北革命第一人""湖北革命，创始于吴禄贞先生"。[①]辛亥革命元老张难先说：自从吴禄贞开始在湖北进行革命活动，"江汉士风，为之一变"。[②]著名学者冯天瑜、张笃勤认为，花园山聚会"实际已成为一个革命

① 丘权政、杜春和选编：《辛亥革命史料选辑续编》，湖南人民出版社1983年版，第243页。

② 严昌洪、张铭玉、傅蟾珍编：《张难先文集》，华中师范大学出版社2005年版，第57页。

花园山聚会主要人物

机关”,[1] 著名学者严昌洪认为,花园山聚会“实为革命机关”“湖北革命运动的开端”。[2]

湖北官方获悉后,把花园山聚会的党人派遣到日本、欧洲留学,使花园山聚会解体。但革命种子生根发芽了,刘静庵、张难先、胡瑛等经过吴禄贞介绍,打入了湖北新军。1904 年,花园山聚会消散,科学补习所随之成立。科学补习所地点在山前的多宝寺街。同年,准备响应湖南起义,但湖南事泄,湖北革命党受到牵连,科学补习所被查封。

花园山聚会旧址

① 冯天瑜、张笃勤著:《辛亥首义史》,湖北人民出版社 2011 年版,第 114 页。

② 严昌洪、严锴著:《武昌首义史话》,长江出版社 2011 年版,第 40 页。

1906年2月，湖北革命党人又来到粮道街，建立革命团体日知会。组织者就是科学补习所的刘静庵、张难先、曹亚伯等人。日知会是在美国基督教中华圣公会设于候补街高家巷的阅览室建立，刘静庵被新军开除后，来这里躲避，后来负责阅览室。刘静庵（1875—1911），原名贞一，又名大雄。字静庵，亦作敬安、敬庵，湖北潜江人，1903年加入新军，次年参加科学补习所。科学补习所被查封后，他领导建立了日知会。候补街是粮道街区域一条东西向的主街。

日知会奠定了湖北革命的格局。

一是规模大——关于参加的人数，史料有说几百人的，有说几万人的，总之在当时来说规模不小。

二是时间长——从花园山聚会到文学社，在人员、精神、方略等方面一脉相承。文学社建立于1911年，1906年建立的日知会是这一链条中重要一环。日知会与共进会也有很深的渊源，共进会1907年成立于日本东京，不久回国活动。共进会的组织者和成员不少是原日知会会员，如孙武、彭楚藩、蔡济民等人。1911年，文学社与共进会联合建立领导起义的组织，并于10月10日一举成功。

三是空间广——一方面，日知会的活动不限于湖北，有的会员到南京、安徽、奉天、新疆等地从事革命，在当地起义中发挥了重要作用；另一方面，日知会受同盟会领导，如重要成员曹亚伯、吴昆、范腾霄是日知会成员，后在东京加入同盟会；孙中山派同盟会湖北支部长余诚联络日知会，余诚以日知会为依托，发展同盟会员。孙中山派欧吉罗视察长江革命形势，欧吉罗来武汉，受到日知会热烈欢迎。此时，华兴会、光复会在内地已经没有多大影响了。孙中山还派朱元成、胡瑛、梁钟汉等回武汉，联络湖北志士，响应萍浏醴起义，结果事泄，1907年1月初，丙午之狱发生，刘静庵、朱元成、张难先等9人被捕，日知会被查封。

张难先在《湖北革命知之录》中对日知会给予很高的评价："丙午日知会则大张旗鼓，军学界附者以万计，又涉萍案，蔓延数省，当时侦骑四出，风声鹤唳，吾鄂党务受摧残者数年。至戊申始复由本会会员李亚东、任重远……赓续办理湖北军队同志会等机关，至辛亥八月十八日又遭惨败，致有彭、刘、杨三烈士之狱。然清廷即由此倒矣。世之饮水思源者多归功于日知会，吁，何其伟也。”[①] 日知会另一位成员欧阳瑞骅则明确说：“日知会者，武昌革命之源泉也。”[②]

粮道街是湖北革命团体或机关聚集之地。湖北主要革命团体大多设立于武昌，台湾学者张玉法列举日知会瓦解前后湖北革命团体30个，不含日知会、文学社、共进会。如果加上这3个，加上此前的科学补习所、花园山聚会，以及遗漏的武昌自治研究所、奇英学社、沔阳学社、铁血军、蕲春学社、军队同盟、义谱社、竞存社，应该是44个。其中，在粮道街建立的有花园山聚会、日知会、黄冈军学界讲习社、武昌自治研究所、奇英学社、沔阳学社、明新公学、东游预备科、同兴学社、胭脂巷10个，可以说，粮道街是团体或机关分布最为集中之地之一。

巡道岭（粮道街东段）九号同兴学社旧址

粮道街是湖北革命党人活动基地。参与、支持辛亥革命的人士就有300人以上，这是湖北革命党人之革命方略——在军界、学界发展实施的结果。军界、学界人士在花园山聚会时期学生居多，日知会以军界、学界为主，从湖北军队同盟会到文学社，基本上以军界为主，共进会则在军、学两界发展。粮道街对革命还有两大贡献，一是创作军歌，二是绘制十八星旗。张纯一是学生军歌的词作者，执教于文华大学，该校教师余日章是作曲者（一说是他从美国带回的军歌曲谱）。湖北中等工业学堂学生赵师梅、赵学诗、陈磊是十八星旗绘制者。

粮道街对湖北乃至全国革命影响巨大而且深远：宗奉一位领袖、凝练一个方略、磨砺一种作风，结果是成功一场革命。

① 严昌洪、张铭玉、傅蟾珍编：《张难先文集》，华中师范大学出版社2005年版，第97页。

② 冯天瑜、张笃勤著：《辛亥首义史》，湖北人民出版社2011年版，第126页。

“宗奉一位领袖”是指奉孙中山为领袖。

孙中山是民主革命的先行者，在革命党人中享有崇高的威望。湖北革命党人追随孙中山，服膺三民主义，原本就具有深厚的基础。不仅在海外的吴禄贞、李书城、刘成禺在兴中会时代就追随孙中山，奉其为领袖，而且，在交通、信息发达，革命思想澎湃的湖北本土，孙中山也有着广泛的影响。

花园山聚会之初，革命党人就时时期望寻找孙中山，奉其为领袖。后来，花园山聚会被湖北当局查知，为了分散革命力量，消解革命，张之洞将其骨干派往各地工作或远去海外留学。湖北革命党人则决定借留学之机，赴海外寻找孙中山。被派往欧洲留学的朱和中、贺之才（子才）、胡秉珂等人肩负了这一使命，他们通过孙中山身边的湖北人刘成禺，取得了联系，终于在欧洲与孙中山见面，讨论革命形势，探讨革命方略，并加入孙中山领导的欧洲同盟会，从而，湖北党人成为同盟会的第一批加盟者，而且，欧洲同盟会“几全为湖北学生所组合”。[①] 日知会时期，湖北革命党人依然把推崇孙中山为领袖作为重大战略。

可以说，在花园山聚会时期，孙中山及其同盟会就与湖北革命党建立了密切联系，形成了领导与被领导的关系。由此可见，孙中山对湖北革命所发挥的领导作用的意义何等重大。

“凝练一个方略”是指确立在军、学两界发展的方略。

湖北成为首义之区绝非偶然，与其正确的方略有着直接的关系。其革命方略，主要是在依靠力量上，以军、学两界志士为主，而非以会党为主。

早在花园山聚会时期，吴禄贞就确定了这一方略。这个方略的确立，显然是吸收了 1900 年自立军勤王起义失败的教训。湖北革命组织建立之初，就采取不同于兴中会乃至以后的同盟会的方略。

参加欧洲同盟会时，湖北党人就对孙中山进行过劝说，以至于“反复辩论三日夜”。后来，孙中山表示“今后将发展革命势力于留学界，使忠实学生作领导人。众大悦曰，此吾辈倾心于先生之大愿也”。[②]

---

① 武汉大学历史系中国近代史教研室编：《辛亥革命在湖北史料选辑》，湖北人民出版社 1981 年版，第 84 页。

② 严昌洪、张铭玉、傅蟾珍编：《张难先文集》，华中师范大学出版社 2005 年版，第 118 页。

湖北革命党人在粮道街确定此方略后，前后相继的各团体基本上一以贯之。史家认为，湖北革命党人确有其独到之处：始终坚持既定方略，在军、学两界，尤其是新军中，培植革命力量，最终一举成功。

“磨砺一种作风”是指形成脚踏实地的作风。

湖北革命特色鲜明，从革命精神层面而言，论者往往概括为“敢为人先”，这样的概括相当精深。从革命作风来看，则是不事张扬，脚踏实地。

这种作风也是在粮道街革命时期磨砺而成的。吴禄贞要求党人必须脚踏实地，扎扎实实在新军、学生中开展工作。吴禄贞等人在确定革命方略后，很快付诸实践。此后，这一作风为湖北党人所继承。自花园山聚会始，至文学社建立，数年之中，湖北革命组织虽屡遭查禁，但湖北革命党人筚路蓝缕，屡蹶屡起，脚踏实地，坚持不懈地致力于新军的鼓动与发展。胡瑛是湖南人，长期在湖北从事革命，是日知会丙午之狱中被捕的党人，后来在武昌监狱中一直参与密谋革命，直到起义成功后被解救。他对湖北革命党人非常了解，1911 年春，曾作过十分中肯的评价：“湖北党人自成风气，类皆埋头苦干，不以外观相夸耀者也。”①

武昌为什么成为首义之地？辛亥革命志士、当代学者都在探讨，都认为，湖北革命成功之道，在于湖北党人具有宏阔的视野、务实的作风和科学的方略。而这些，都可以追根溯源于粮道街革命时期。

粮道街是名副其实的湖北辛亥革命之根。

① 严昌洪、张铭玉、傅蟾珍编：《张难先文集》，华中师范大学出版社2005年版，第471页。

革命元勋黄兴寄居昙华林两日

在武昌阅马场南部有一处辛亥革命遗址拜将台，这是一处省级文物保护单位。1911年11月3日，黎元洪授黄兴为战时总司令。当时拜将台用木板搭建，台上插上旗帜，上书“战时总司令黄”。可见黄兴在辛亥革命时期的地位很高、影响很大。他是中国近代民主革命家，中华民国的创建者之一。

黄兴

黄兴（1874—1916），原名轸，后改名兴，字克强，一字廑午，号庆午、竞武，曾用名李有庆、张守正、冈本、今村长藏等，湖南善化县（今长沙县）人。1905年中国同盟会成立时，被推举为执行部庶务，居协理地位，是革命党的二号人物。在辛亥革命中，与孙中山常被时人以“孙黄”并称。在其革命生涯中，黄兴多次来武汉，或求学，或革命，但在粮道街的昙华林，却只有短短的两日，史料记载也只有寥寥数字：“黄兴初回时住此二日。”黄兴来此地的目的何在？接触了哪些人？做了什么事？具体时间是哪两天？史料语焉不详，但是，仍有端倪可寻。

在辛亥革命时期，不少湖南志士来武汉求学、工作与革命。如文学社领导人蒋翊武投身军营，在湖北新军中发展革命力量。胡瑛也曾打入工程营，是科学补习所、日知会的组织者，后因日知会丙午之狱被关押在武汉的监狱。在狱中仍然密谋组建革命团体，几乎所有的主要团体，他都参与了谋划。宋教仁曾求学于文普通中学堂，后留学日本，武昌起义爆发后不久，回武汉参加湖北革命政府的组建，是著名的《鄂州约法》的起草人。

1898 年，黄兴被选送两湖书院深造。两湖书院为湖广总督张之洞 1890 年所创，位于武昌都司湖畔，主要招收湖南、湖北两省的学子。黄兴是两湖书院的高材生，翌年 10 月，黄兴被派往日本考察，1900 年春返回，此时，黄兴开始萌发革命思想。1902 年，黄兴又被派往日本留学，入东京的宏文学院速成师范科。在日本留学期间，黄兴积极组织爱国活动和革命活动，如组织拒俄运动、成立军国民教育会等，成为留学生公认的领袖人物。

1903 年 5 月，黄兴自日本东京启程回国，策动反清革命。6 月，抵达上海，并与章士钊赴泰兴、南京等地，再从上海返回长沙。回长沙后，一面在明德学堂任教，一面筹备建立湖南革命团体华兴会。8 月，黄兴来到武汉，这是他留学回国后首次回到武汉。这一次，他在昙华林住了两天。

在武汉，黄兴待了八天，但具体的行程，在史料中却难觅行踪，只是其中的两天住在花园山孙茂森花园李步青寓所（位于今天胭脂路湖北中医院内）。孙茂森是宗教界人士，也是孙茂森花园主人，参加了革命。李步青是湖北京山人，1896 年，考入经心书院，1902 年，留学日本宏文学院速成师范科，与黄兴同校同科同级，在日本产生革命思想，编辑《湖北学生界》，同年被勒令回国。回国后，李步青租住孙茂森花园，黄兴来武汉时，就曾住在李步青寓所。

李步青寓所不是因为黄兴来访而闻名，而是因为花园山聚会而闻名。花园山聚会的核心人物是吴禄贞，湖北云梦人，他是湖北革命先驱，被誉为“湖北革命第一人”。1903 年，吴禄贞与李书城、耿伯钊、朱和中等人在李步青寓所密谋革命，史称“花园山聚会”。花园山聚会虽无组织之名，却有组织之实，是湖北革命组织之根。在这里，吴禄贞等确定了一个方略：把富于革命思想的青年学子选送到新军中，发展革命力量。此举行之有效，武昌起义一举成功，清廷得以倾覆，民国于是肇建。

黄兴在此居住，为何只有两日？后来住在哪里？为何移往他处？有关史料却付诸阙如。但是，黄兴来武汉、来昙华林的目的却很明确：从事反清革命。在两湖书院等处，黄兴发表演说，并与顽固派辩论，他还散发革命书刊于军、学两界。湖广总督张之洞获悉后十分震怒，下令严厉查禁，将黄兴驱逐出境。当时的报纸曾报道说，张之洞此时在北京，他立即致电湖北的部下，令其严查。结果，查出两湖书院有黄兴、金华祝、万声扬、李步青、周龙骧等人，师范学堂有周姓、刘姓两个学生，这些人都被处理了。金华祝、万声扬、李步青等人就是花园山聚会的人物。所以，黄兴在武汉所接触的人主要是湖北最早的一批革命者。还有史料说，黄兴散发的革命书刊如邹容的《革命军》、陈天华的《猛回头》等，就有九千多本。当时的湖北正处于革命的初期，黄兴的到来，对湖北革命产生了很好的影响，当然，也扩大了黄兴个人的影响。宋教仁是文普通中学堂的学生，听说黄兴在武汉演说革命大义，非常悦服，主动和黄兴交往，一起从事革命，黄兴离开武汉后，他也回湖南。1903 年 11 月 4 日，黄兴邀宋教仁、章士钊等人，在长沙举行秘密会议，决定组织反清革命组织，取名华兴会。1904 年 2 月 15 日，召开华兴会成立大会，黄兴被推举为会长，宋教仁、刘揆一被推举为副会长。就黄兴个人而言，出国前是两湖书院的高材生，作为优等生被官派留学。湖广总督张之洞派遣留学的目的，是培养清廷的接班人，但归国的黄兴，回到两湖书院和昙华林时，则扮演了清廷掘墓人的角色。这一现象，学者们解读为“种豆得瓜”。有黄兴这样经历的革命者，当时不计其数，这体现了历史的规律性。

湖北有“三怪”，“两怪”曾住在粮道街

“湖北三怪”指的是民国时期湖北的三个“怪人”——张难先、严立三和石瑛。

张难先（1874—1968），谱名辉澧，号义痴，字难先，湖北沔阳（今仙桃市）人。曾任广东省政府委员兼土地厅厅长、湖北省财政厅厅长、国民政府考试院铨叙部部长、浙江省政府主席。中华人民共和国成立后，任中央人民政府委员、中南军政委员会副主席等职，是民主革命家、爱国进步人士。

严立三（1892—1944），又名严重，湖北麻城人。曾经担任过黄埔陆军军官学校第一期学生总队长、训练部长，北伐时，任东路军第二十一师师长。抗战期间，任湖北省民政厅厅长、代理省主席。国民革命军陆军中将。

石瑛（1879—1943），字蘅青，湖北阳新人。曾任国立武昌大学（今武汉大

张难先

严立三

学前身）校长，国民党一大中央委员、南京特别市市长，被誉为“民国第一大清官”。

石瑛

湖北“三怪”之名始于1928年，当时，他们三人同在湖北省政府工作，张难先、严立三、石瑛分别执掌财政厅、民政厅、建设厅。他们三人性格耿直，嫉恶如仇，不阿权贵，洁身自好，不随大流，与官场格格不入，被目为怪人。

在有些人看来，湖北“三怪”确有“怪异”之处。例如，1930年，张难先被任命为浙江省主席。上任当天，他着布衣布鞋，乘三等车厢，下车就直奔省政府，而一批浙江官员和地方人士还在头等车厢处恭候。到浙江上任后，蒋介石夫人宋美龄向他推荐三人到省政府任事。哪知道，他有板有眼地严格考核，录用一个才具较高的人，另外两人予以淘汰，坚决不要，完全不给第一夫人面子。1932年，张难先力辞浙江省政府主席，回到家乡沔阳，主动屈尊给县长做秘书，确实出人意料。石瑛在1932年被任命为南京特别市市长，他赴任时，也是平民打扮，坐着三等车，悄悄抵达市府，可是，迎接他的人却还在车站等候。1937年4月再任湖北省建设厅厅长时，蒋介石向石瑛推荐一个人来任职，他发现此人夸夸其谈，毫不犹豫地拒绝了。严立三是北伐名将，与邓演达关系密切，蒋介石有所顾忌，暗示他辞职。严立三十分不快，立马辞职，一元钱也不要，只身离去，在杭州天竺寺出家，闭门谢客，一时间舆论哗然。1928年，严立三出任湖北省民政厅厅长，处处受到桂系政客的掣肘，一气之下，扬长而去，再次隐居，蒋介石前去探访，他避而不见。

湖北“三怪”看起来行为似乎有些怪异，其实是守常，在腐败的官场，他们只不过特立独行，卓尔不群而已。张难先自己也说过：“石蘅青、严立三、张难先，鄂人所称为‘三怪’者也。其实彼三人者皆以守常见恶于世。知守常之太愚也，笑甚；太迂也，怜甚。可笑可怜之人，当然为世所怪！‘三怪’名词于此成立，而不知彼三人实极端守常者也。”[①]

① 严昌洪、张铭玉、傅蟾珍编：《张难先文集》，华中师范大学出版社2005年版，第624页。

抗战时期，湖北“三怪”又在一起共事。1937 年 11 月，湖北省政府改组，何成浚任省主席，严立三任委员兼民政厅厅长，石瑛任委员兼建设厅厅长，张难先任省政府委员。1938 年 6 月，湖北省政府再次改组，陈诚任省政府主席，湖北“三怪”任省政府委员，严立三兼民政厅厅长。1939 年 2 月，因陈诚兼有军职，严立三代理主席一职。1940 年 8 月，陈诚回任湖北省主席，严立三被免职，张难先辞职，石瑛任省临时参议会议长，直到逝世。

石瑛、严立三逝世于抗战时期，前后相距一年的时间。

张难先似乎与粮道街有缘。1905 年，日知会在高家巷建立后，他积极加入，1906 年，被当局逮捕入狱，被捕者还有刘静庵、朱元成、吴贡三、殷子衡等九人，刘静庵被折磨而死，朱元成也病逝狱中，史称日知会“丙午之狱”。1938 年 7 月，为缅怀日知会功绩，张难先与辛亥老同志商量由欧阳瑞骅撰文，张难先书丹，勒碑纪念。敌机轰炸武汉时，张难先随西迁大军迁移到恩施，碑则由原日知会会长黄吉亭埋于泥土中。

1929 年，张难先与石瑛辞去湖北省政府厅长职务，张难先来到高观山北坡，花费千元，购置房屋，取名灵山窝，因附近有灵山寺而得名。高观山是蛇山山脉中的一座山，处于蛇山中段。据《湖北通志》记载，灵山寺是汉明帝时马师所建，元至正年间，云岩志再次修建，明弘治九年（1496 年）重建。灵山窝是单层砖木结构，清水外墙，门额是近代著名佛学大师欧阳竟无手书。此后，这里成为张难先主要生活之地，《义痴六十自述》也在这里写就，1935 年，灵山窝交给儿媳居住，张难先夫妇另筑思旧庵于珞珈山。目前，灵山窝旧居尚存，位于武昌民主路蛇山五坡 7 号，是省级文物保护单位。

石瑛也曾在昙华林三义村购置房屋，其旧居建于 20 世纪 20 年代末，此时，石瑛在国立武昌大学任校长。旧居是欧洲 19 世纪别墅式建筑，坐北朝南，二层砖木结构，占地面积 908 平方米，建筑面积 326 平方米。抗战期间，董必武等曾到此，与石瑛协商国共合作抗日事宜。该楼位于三义村 23 号，2004 年进行修缮，2008 年被列为湖北省文物保护单位。2011 年再次进行修缮。

"同画九星旗，同革满清命"
——一对辛亥革命堂兄弟

在近代中国革命中，"上阵父子兵，打虎亲兄弟"的现象可真不少，辛亥革命时期，在粮道街从事革命的就有同庚堂兄弟赵师梅、赵学诗。

赵师梅

1964年，赵学诗七十大寿时，堂兄赵师梅赋诗祝贺，诗中道出了他们很多的共同经历："同考工中读，同参兴中会，同鼓动罢课，同作纠察队，同剪头上辫，同画九星旗，同革满清命，同被拘狱门，同战汉阳郊，同随黄兴行。待到二十岁，方各奔前程。"① 他们相同的地方还有不少：他们同年生，同时在同一所小学读书，在湖北中等工业学堂读书时学习同一个专业。在同辈11人中，他们的感情也最深厚。

赵师梅（1894—1984），字学魁，湖北省巴东县人，其父秀才出身，后任本县新式学堂教员。赵师梅初读私塾，习旧学，后习新学，在巴东县立高等小学堂毕业后，赴省城武昌求学。赵学诗（1894—1979），字幻生，又字学梅。读书经历与堂兄一样。

① 萧明湘：《怀念我的舅舅赵师梅》，《洪山文史资料》第1辑，洪山区政协文史委1989年编印，第10页。

兄弟俩在武昌读书的学校，是位于昙华林的湖北中等工业学堂（今武汉科技大学，位于今武汉市第十四中学校园），专业是电机。该校前身是1898年张之洞创办的湖北工艺学堂，1907年，学校搬迁至昙华林。在湖北中等工业学堂读书期间，赵师梅、赵学诗兄弟俩结识了在新军中当兵的老乡邓玉麟、高尚志，邓、高是共进会的核心人物，经常到赵学诗兄弟这里串门，鼓动他们参加革命，还把一些宣传革命的书籍《黄帝魂》《革命军》《烧饼歌》等给赵师梅兄弟看，这两个血性少年对腐败的清政府本来就不满，阅读革命书籍后受到启发，于是1910年就参加了共进会，此时，赵氏兄弟还只是年仅十五岁的少年。

赵师梅被任命为共进会在该校的代表，也就是负责人。赵师梅、赵学诗和陈磊还主持同兴酒楼。开酒楼是个幌子，实际上它是共进会的秘密机关，负责联络、发展士兵的工作，地点在黄土坡（今首义路）。由于来往的人都要招待，酒楼资金告罄，无法维持，共进会就开设同兴学社，借学会之名，行革命之实，只是不再提供食宿，赵师梅还是负责人。同兴学社位于巡道岭九号（今武汉中学一带），赵师梅等人通过前后的两个机关，发展了不少人，仅在本校就秘密发展了20多人。

1911年9月，武汉的两个革命组织文学社、共进会决定联合举义，建立领导机构，赵师梅的职务是"交通"，负责把指挥部的指令传达给各部队的革命党人，赵学诗的职务是会计，负责财务。起义前，革命党人准备了各种文告、起义军旗等，其中，起义军旗十八星旗就是赵师梅兄弟和同学陈磊绘制的。军旗是共进会在日本设计的，全称是铁血十八星旗，又称铁血旗、九角旗、九角十八星旗。长宽比例为8∶5，图案由红底、黑九轮角和18颗小黄圆星组成。红底、黑九轮角寓意"铁血精神"，表示决心用武力推翻清王朝统治；九角代表《禹贡》中记载的冀、兖、青、徐、扬、荆、豫、梁、雍九州，即全中国；分布于九轮角上下的18颗小黄圆星代表当时内地18个省，寓意国家统一、民族和睦、前途光明；圆星呈金黄色，表示炎黄子孙。根据共进会领导人刘公的口述，赵师梅三人按式样、尺寸在纸上绘好，再画在布上，然后在武昌找裁缝缝制了20面，其中的18面在起义前完工，保存于汉口俄国租界宝善里的秘密机关。10月9日，秘密机关被破获，旗子被俄国巡捕搜去，转交湖北当局。另外两面的旗杆套没有做好，则存放在裁缝家里。起义成功后，赵师梅找到了裁缝，取走那两面旗子，第二天军旗就在武昌上空飘扬。绘制旗帜的地址，一说是昙华林，一说是雄楚楼（今红巷），不管怎样，绘制者来自粮道街。

10月10日，起义总指挥部决定当晚起义，以南湖炮队的炮声为号令，赵师梅与堂弟赵学诗赴南湖传达起义的指令，返回粮道街后被捕。兄弟俩被军警关押，但他们视死如归，困了和衣入睡。半夜枪声大作，醒来时，军警逃往他处，兄弟俩重获自由，加入到起义队伍中。

10月11日，湖北革命党人聚集到武昌阅马场原湖北咨议局大楼（武汉人俗称为红楼），商议建立湖北革命政权，赵师梅参加了这次重要的会议。起义前革命党原推定的都督刘公在汉口，此时汉口还未光复，不能到任，总指挥蒋翊武在10月9日武昌小朝街85号总机关险些被捕，出逃未归，参谋长孙武10月9日因炸弹爆炸受伤在汉口住院，其他重要人物或被捕，或被杀，领导起义的多为下级军官，资望不高，同盟会的领导也无人在汉。为稳定人心，争取各地响应，亟需成立革命政府。首义的领导者们派人找出地方头面人物，商讨对策。湖北新军第二十一混成协协统黎元洪等旧军官、湖北咨议局议长汤化龙等立宪党人被革命党人觅得，其中汤化龙就是由赵师梅、陈磊找寻而得。革命党人推举黎元洪为湖北都督，建立了革命政府——湖北军政府。

武昌首义后，汉口、汉阳相继光复，湖北汉川、京山等地也纷纷响应。为扑灭革命，清廷派遣大军南下镇压。自10月18日至11月20日，湖北革命党人与之进行殊死搏斗，这就是武汉保卫战，史称阳夏战争。其中10月28日，著名的革命家黄兴亲临武汉，随即出任民军战时总司令，指挥民军，保卫武汉。赵师梅兄弟参加了保卫战，赵师梅亲赴前线，不仅负责司令部的军需，而且参加了战斗，还曾留下了一张戎装照。阳夏战争非常激烈，革命党人牺牲者不下万人，赵师梅在前线督战，十分英勇，在战斗中负伤。

民国建立后，政府奖励武昌起义中的有功人员，赵师梅、赵学诗荣获甲等功勋（全省甲等功勋获得者共146人），作为功臣被孙中山保送到美国留学。赵师梅是第一批，回国后在湖南大学、武汉大学、华中工学院（今华中科技大学）、武汉工学院（今武汉理工大学）任教。赵学诗同样也被保送出国学习，但他的运气没有堂兄好，属于第二批。南京临时政府原计划分期分批派遣，不料第一批派出后，政权就落入袁世凯手中。袁世凯上台后，此事就不了了之。民国时期，赵学诗从事实业工作，曾在湖北省公路管理部门、建设厅、省银行等单位任职。1979年，赵学诗病逝，葬于家乡湖北省巴东县官渡口镇韦家荒村。1984年，赵师梅去世，享年90岁。2011年辛亥革命百年之际，赵师梅、赵学诗之墓都得到了当地政府的修缮。

在粮道街革命，在粮道街育人——时象晋

时象晋（1854—1928），字樾皆，湖北枝江人，他是湖北最早的资产阶级革命党人之一、中国近代教育家。

时象晋

时象晋早年学医，悬壶济世。1885 年中乡试副榜。1903 年，参加拒俄运动。同年，接受革命思想，参加革命活动。其中，他参加了著名的花园山聚会。

1902 年，“湖北革命第一人”吴禄贞从日本回国，从事革命活动。次年，他以湖北革命党人李步青在花园山所租寓所为据点，密谋革命。据张难先的《湖北革命知之录》记载，在花园山聚会中，时象晋也是其中之一：“再花园山李步青处，亦为当时军学两界青年聚集之所，而党人往来尤密。如胡秉柯、朱和中、吕大森、李书城、时象晋、贺之才、时功壁、张荣楣、时功玖、吴炳宗、陈开湰、余德元、张春霆、刘伯刚、范鸿泰、屈德泽、郭肇明其最著者也。”[①] 时功壁、时功玖是时象晋之子，兄弟两人参加革命，是乃父影响的结果。范鸿泰后来成为湖北中等工业学堂监督（校长）。在李步青寓所，吴禄贞等人通过演讲、放映幻灯等方式，开展革命宣传活动，并有计划地将富于革命思想的青年学子选送入伍，打入新军。这一方略被称为抬营主义，是湖北革命党人制胜之道，是湖北打响辛亥革命第一枪的基础。花园山聚会是湖

① 严昌洪、张铭玉、傅蟾珍编：《张难先文集》，华中师范大学出版社2005年版，第58页。

北最早的革命组织，其后相继而生的革命组织，在人员、精神、方略上与之一脉相承。

花园山聚会引起清廷湖北当局的恐慌，当局便加以干涉，对聚会人员分而化之，将吴禄贞调往外地，将朱和中等人派往欧洲、日本留学，使得花园山聚会无形解散。花园山聚会存在的时间虽然只有短短数月，但革命火种则保留下来了。1904年，其成员曹亚伯、吕大森等在武昌多宝寺密谋革命，其具体地址便是时象晋住宅。7月，在多宝寺成立科学补习所，推举吕大森为所长，胡瑛为总干事，宋教仁为文书，时功璧为会计，康建唐为庶务。因时象晋住宅狭小，革命据点迁移至魏家巷。科学补习所坚持花园山聚会的革命方略，积极在新军中发展革命力量，并与湖南革命团体华兴会密谋，准备在当年10月同时起义，不久因消息泄露而被查封。

在清末，时象晋还积极参与各种爱国进步活动。

1909年夏，时象晋当选湖北咨议局议员。1910年，全国立宪派人士发起旨在推动清廷速开民选国会、实行内阁制的国会请愿运动。在国会请愿运动中，湖北立宪人士表现尤其突出。1月，湖北省咨议局、湖北省教育会、湖北省自治筹办处、汉口商会、汉口各团体联合会等团体，联合建立了湖北国会请愿同志会。时象晋是骨干成员之一。

1909年10月，时象晋参加组织湖北铁路协会。该会是清末湖北的爱国社会团体。当时，清廷出卖筑路权、向四国银行团举借铁路外债的行为，激起全国人民反对，各地纷纷建立团体，组织力量，进行抗争。湖北咨议局议员发起组织湖北铁路协会。刘心源任会长，刘人祥、万昭度任副会长，会员数十人，以缙绅、巨商为主。该会成立后，多次召开各界人士大会，为收回铁路权后修筑铁路，集股筹款。时象晋等6人代表荆州府，筹款100万元。同时，该会派人进京请愿，使邮传部批准湖北设立商办川粤汉铁路公司。1911年5月，清廷宣布实行所谓铁道国有政策，激起湖北、湖南、四川、广东四省的保路运动，结果，因清廷四川当局枪杀手无寸铁的请愿群众，导致四川人民武装反抗，最终成为武昌起义的导火索。在湖北保路运动中，湖北铁路协会发挥了重要作用。在湖北铁路协会中，时象晋任候补会计员，是该会领导成员之一。

1911 年 10 月 10 日，武昌起义爆发。湖北革命党人很快占领武汉三镇，建立湖北革命政权——湖北军政府。武昌起义期间，时象晋任战地红十字会会长，奔赴前线救护伤员。后来，时象晋作为湖北都督府的代表之一，参加“各省都督府代表联合会”，参与临时政府筹备、临时大总统选举等活动，为革命政权的建设做出了积极贡献。

1912 年 2 月，湖北省临时议会建立，时象晋被选为临时省议员。1913 年 3 月，湖北省正式议会成立，临时议会完成了其历史使命。1918 年，时象晋再次当选第二届省议会议员。

时象晋对教育情有独钟，投身其间三十年。早在 1887 年，他就任湖北云梦县教谕。1896 年，被湖北当局派往日本，考察教育。回国后，在家乡创办枝江高等小学堂。1897 年，任安陆府学训导。随后，在湖北罗田县办学。1909 年，在武昌创办滋兰女学堂。在此前后，他还在湖北存古学堂、湖北省立师范学校、湖北中等工业学堂任教。民国成立后，他继续从事教育。1912 年，参与创建武昌荆南中学，任校长。1912 年任湖北军政府教育司副司长，1913 年至 1916 年任湖北省教育司司长，曾兼任湖北省民政司司长。在任期间，主持创建武昌高等师范学堂，即今武汉大学的前身。在其执教或创建的学校中，有三所值得特别关注，这三所学校都位于今粮道街辖区。

一是湖北中等工业学堂。其前身是 1898 年的湖北工艺学堂，1907 年更名为湖北中等工业学堂，从蛇山以南搬迁到以北的昙华林，后演变为武汉科技大学。关于时象晋在该校的任职经历，很少有资料提及，《辛亥革命辞典》《中华民国史大辞典》《历代教育名人志》《湖北省志：人物》均付诸阙如，一些简短的史略也没有记载，唯一述及的是黄道华的《辛亥志士时氏父子》，该文提及，时象晋“先后在存古学堂、两湖师范学堂、工业学堂等学校任史学教习”。[①] 实际上，这个说法还不是十分准确。笔者查阅《湖北教育官报》发现，时象晋是在宣统二年（1910 年）任职的，其职务是文学教员。同一批执教的还有王式玉等人，包括时氏在内，总共 10 人。时象晋此时还有一个身份是湖北咨议局议员，

---

① 黄道华：《辛亥志士时氏父子》，枝江市政协文史资料委员会等合编：《枝江文史资料》第 13 辑，2005 年编印，第 242 页。

他们任职的原因是："因添招新班，由该堂监督折请札派。"[1] 时象晋在该校时间很短，因为1911年武昌起义爆发后，武汉各学校停办。该校在辛亥革命中表现相当出彩，作为一个革命党人，时象晋对该校学生参加革命应该有一定的影响，可惜史料缺乏。不过，就其一贯表现来说，应该确定无疑。他在滋兰女学堂、湖北省立师范学校执教时，不少学生受其影响参加革命，如滋兰女学堂学生李某成为革命党人，且成为湖北革命党领袖刘公的续弦。武昌首义中的"三武"之一的张振武就是湖北省立师范学校的学生。他的三个儿子也在其影响下参加了革命。

二是武昌荆南中学。该校1912年创办于武昌荆南街（原牙厘局街），由当时湖北军政府教育司副司长时象晋和湖北省立师范学校校长张继煦发起创建，目的是为荆州府属七县来省城的学子提供求学机会，因荆州在秦汉时属南郡，故名荆南中学。抗战时期，大批学校西迁，1938年，荆南中学也从武昌西迁至枝江县，1941年，更名为枝江县立中学。后演变为今湖北宜都二中。时象晋是首任校长，在任时亲自为校歌作词。后继任者是沈明道，沈明道在1910年也曾任湖北中等工业学堂监督。

三是滋兰女学堂。该校1909年创建于武昌棋盘街，是湖北最早的私立女子学校之一。该校开办后"颇著成效"，时象晋又在家乡枝江县江口再开办一所，"从学女生共一百二十名，济济一堂，颇称盛事"。[2] 滋兰女学堂的开办意义十分重大，有利于开一代风气，有利于实现男女平等和妇女解放。

时象晋博学多才，1908年，曾与张继煦、姚晋圻等18人发起成立湖北最早的史学会——湖北史学会。他还曾担任《湖北通志》纂修，著有《非五行论》《诗文集》。

---

①《湖北教育官报》1910年第3期，全国图书馆文献缩微复制中心:《清末官报汇编》第32册，2006年编印，第15967页。

②《芝兰女学将破坏于无形》，《申报》1910年9月25日第11版。

都督府暂设于粮道街，黎元洪实现华丽转身

黎元洪

黎元洪（1864—1928），字宋卿，出生于湖北黄陂，人称“黎黄陂”，14岁随父移家北上，寓居天津。1883年入天津北洋水师学堂学习，1884年编入北洋水师，参加了1894年中日甲午海战，在战争中幸免于难。后追随张之洞，是张之洞在军事上的左膀右臂。对待士兵，黎元洪相对开明和友好。1911年10月10日武昌起义爆发时，黎元洪是湖北新军第二十一混成协协统，曾手刃过起义士兵。可是，这位反对革命的旧军官，在起义的次日，居然被推举为湖北军政府最高长官——都督，虽然，他是被迫的。上任伊始，他颇为消极，手中的权力也是微乎其微，但是，命运之神却眷顾于他，不久由落魄都督摇身一变，成为掌握实权的都督，再成为全国海陆军大元帅、民国副总统，这个化蝶过程，起初正是在粮道街区域的昙华林实现的。

1911年12月3日，黎元洪都督府移至昙华林。移驻之时，黎元洪还十分落魄。武汉三镇光复不久，清政府派兵南下镇压，于是，在武汉三镇展开了长

达 40 多天的激烈战斗，史称阳夏战争。湖北革命党人为保卫武汉、捍卫革命成果，付出了重大代价，为革命牺牲者不下万人。由于民军部分将领不听号令，士兵多系招募的新兵，战斗经验相当缺乏，武器也处于劣势。而北洋军则训练有素，拥有革命所党人缺乏的机关枪——其杀伤力是革命军兵败汉口、汉阳的一个重要因素。汉口、汉阳相继失守后，武昌处于敌人炮火之下。11 月 29 日，清军在龟山开始炮击武昌，次日，位于阅马场的都督府中炮起火，房屋损坏严重。在此情形下，黎元洪偷偷出城，逃往葛店。他的外逃结果相当严重：军心、民心动摇，城内一片混乱，士兵、百姓闻讯后，纷纷逃亡，以至于在城门形成拥挤，甚至踩踏，不少人死于非命。在紧急关头，革命党人推举总监察刘公主持大局。为稳定人心，维持秩序，刘公、蒋翊武等革命党人几次派人奔赴葛店，劝说黎元洪回城，虽苦口婆心，但黎元洪不为所动。

转机来自英国领事的居中调停。12 月 1 日，英国驻汉口领事葛福派官员盘恩渡江到武昌，与民军接洽，希望双方停战三日，并转达北洋军队停战意向。其实，袁世凯要求停战的目的，是逼迫清政府就范，但此举正合革命党人心意，革命党人立即同意在协议上盖章，无奈都督印章在葛店黎元洪处，革命党人只好令人仿制，雕刻印章一枚以应急需。待双方停战了，黎元洪这才回到武昌城内，选择昙华林为都督府驻地。为何选择昙华林？一方面是红楼部分建筑毁于战火，无法办公，另一方面，则是昙华林相对安全。

当时，人们习惯于把蛇山以南称为山前，以北则称为山后，昙华林位于山后，有蛇山作屏障，阻挡来自龟山的炮火，自然比较安全。粮道街又有东西走向的螃蟹甲、花园山、胭脂山横亘其间，隐秘性很高。黎元洪发布命令时，落款是“余在东路小学”或“余在昙华林”，而都督府秘书李基鸿回忆说在工业中学。其实，这两人说的是同一个地点。东路小学即东路高等小学堂，建于 1903 年，两年后停办。1905 年在旧址上创办了道师范学堂，两年后再次停办。1907 年设在蛇山以南原旧江汉书院旧址的湖北工艺学堂搬迁于此，易名湖北中等工业学堂（今武汉科技大学前身）。都督府背靠螃蟹甲，面对花园山，僻静而又秀丽。在这里处理军政大事，既安全又幽静。黎元洪在此地待的时间至少一个多月，直到 1912 年 1 月 11 日，他在发布的命令中还有“余在昙华林都督府”的字样。

在昙华林期间，黎元洪的权势今非昔比了。一是获得湖北的实权。湖北军政府成立时，军政决策出于革命党人掌控的谋略处。10 月 28 日，同盟会二号人物黄兴来武汉，11 月 3 日被推举为战时总司令，11 月 27 日离开武汉后，总司令一职由革命党人蒋翊武暂时护理。黎元洪借助旧军官杜锡均和投靠他的原共进会核心人物孙武等人，利用文学社与共进会的矛盾，对革命党人进行打压，先解除蒋翊武护理战时总司令职务，以同盟会中部总会负责人谭人凤代替，将总司令易名武昌防御使兼北面招讨使。不久，以谭人凤年老且不懂军事为名，夺去其军权，由孙武掌控，后因军界反对，改推起义临时总指挥吴兆麟任战时总司令，孙武仍然任军务部长。不久，黎元洪又免去吴兆麟总司令职务，以孙武继任，旋改为杜锡均代理。这样，通过排挤革命党人，黎元洪控制了军权。二是在全国的地位飙升。随着各省独立，各省军政府纷纷建立，并响应湖北倡议，派代表来武汉商议，组建全国政权。代表们决定，临时大总统未产生以前，湖北军政府为中央军政府，黎元洪的地位随之也水涨船高，前途一片光明。三是先后被推举为全国大元帅、临时政府副总统。12 月 4 日，在上海的各省代表推举黄兴为大元帅，黎元洪为副元帅。后因黄兴坚辞，改推黎元洪为大元帅，黄兴为副元帅。1911 年 12 月底，孙中山回国，29 日，被选为临时大总统，1912 年 1 月 1 日，宣誓就职，中华民国南京临时政府宣告成立。1 月 3 日，黎元洪被推举为副总统。一个被迫就任的、无权的、落魄的都督，变成了权倾一时的、全国瞩目的副总统，实现了华丽转身。这是中国近代史上的一个传奇。

粮道街与红色革命

Liang Dao Jie Yu Hong Se Ge Ming

纪念馆

粮道街是湖北红色革命的摇篮

2022 年 7 月 20 日下午，“沿着长江读懂中国——湖北千里长江行”探访团来到昙华林，在这里，作为探访团顾问，笔者接受采访时谈道：“昙华林是辛亥革命之根，更是湖北新民主主义革命之根。”

昙华林位于粮道街辖区，它在湖北新民主主义革命早期扮演了十分重要的角色。

这里是思想文化的高地。中华大学 1915 年创办《光华学报》，1917 年恽代英做主编，积极宣传新思想、新文化。在其影响下，《新声》（1918 年创办）、《向上》、《我们的》、《学生周刊》（1919 年武汉学联创办）、《互助》（1920 年创办）、《武汉中学周刊》（1920 年创办）、《文华月刊》（1920 年创办）等纷纷创刊。恽代英的启智图书室（在中华大学，售卖《新青年》《每周评论》等）、利群书社（横街）、董必武的武汉中学、文华大学的讲坛，也都是传播新思想、新文化的阵地，进而成为宣传马克思主义的阵地。1918 年 12 月，文华公书林举办俄国革命演讲会。1920 年 2 月 4 日陈独秀来武汉，5—7 日发表演讲，其中，在文华大学就演讲了社会主义。1920 年冬，李汉俊回武汉，董必武邀请他在武汉中学讲授社会主义理论。1923 年 2 月 4 日，在中华大学的大礼堂，李大钊宣讲了妇女解放的理论。

在新文化运动中，湖北占有重要的位置。在纷纭繁杂的思想浪潮中，马克思主义以其强大的生命力最终为湖北先进分子所接受，成为时代主题，并为湖北早期党组织的建立奠定了思想文化基础。

《光华学报》创刊号，
1915 年 5 月 1 日

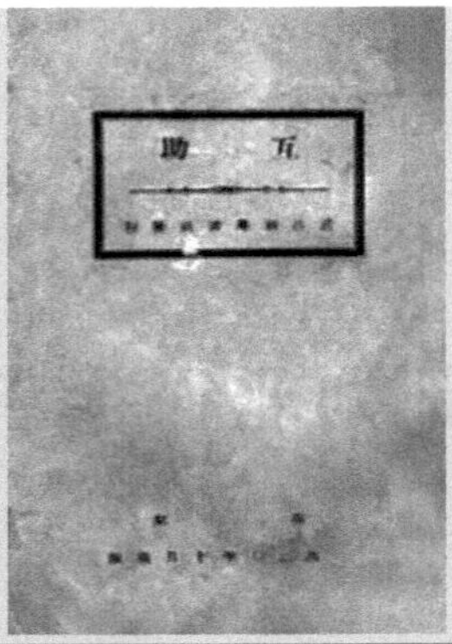

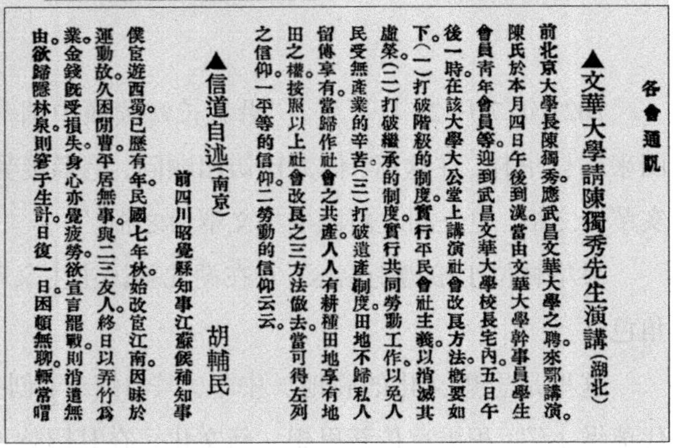
各會通訊

▲文華大學請陳獨秀先生演講（湖北）

前北京大學長陳獨秀應武昌文華大學之聘來鄂講演。陳氏於本月四日午後到漢。當由文華大學幹事員學生會員青年會員等迎到武昌文華大學校長宅內。五日午後一時在該大學大公堂上講演社會改良方法。概要如下。(一)打破階級的制度實行平民會社主義。以消滅其虛榮。(二)打破繼承的制度實行共同勞動工作。以免人民受無產業的辛苦。(三)打破遺產制度田地不歸私人留傳享有。當歸作社會之共產。人人有耕種田地享有地田之權。按照以上社會改良之三方法做去。當可得左列之信仰。一平等的信仰。二勞動的信仰云云。

▲信道自述（南京）　胡輔民

前四川昭覺縣知事江蘇候補知事

僕官遊西蜀。已歷有年。民國七年秋。始改官江南。因昧於運動。故久困閒曹。平居無事。與二三友人。終日以弄竹爲業。金錢既受損失。身心亦覺疲勞。欲宣言罷戰。則消遣無由。欲歸隱林泉。則寥乎生計。日復一日。困頓無聊。輒常暱

《光华学报》《互助》与陈独秀讲学的新闻报道

这里是进步团体的渊薮。1917 年 10 月，恽代英在中华大学建立互助社，这是五四时期湖北第一个进步团体，早于同一性质的湖南长沙新民学会（1918 年 4 月）、天津觉悟社（1919 年 9 月）。

在互助社影响下，武汉地区成立进步社团端风团（武昌外国语学校学生设于该校，负责人是廖焕星）、觉社（武昌高师学生建立）、仁社（恽代英、余家菊、冼震设立于武昌青年会）、辅仁社（汤济川、刘仁静、郑焕兴等中华大学学生建立）、健学会（中华大学设立于启智图书室）、日新社（中华大学中学部学生建立）、启明化学工业社、诚社（陈学渭、林育南、卢斌等建立）、黄社（黄冈籍学生设立于抱冰堂）、人社（董必武、陈学渭、宛希俨设立于启黄中学）等组织。主要成分是学生。

1920 年 2 月 1 日，在以上团体的基础上成立利群书社。1921 年，利群书社成员在黄冈建立了共存社，其中的部分进步青年发展成为了共产党员。

这里是爱国运动的舞台。1919 年 5 月 4 日，五四运动在北京爆发。5 月 6 日，恽代英、林育南在中华大学印制传单，次日在中华大学运动会散发，揭开了湖北五四运动的序幕。5 月 9 日，武汉各大中学校聚集在中华大学，商讨联合行动事宜，并以武昌学生团的名义开展活动，其后，武昌学生团改名为武汉学生联合会。熊熊的五四烈火在粮道街点燃。粮道街就是武汉五四运动的大本营，中华大学就是指挥部。在五四运动中成长起来的爱国知识分子，后来逐步成长为早期共产党人。

这里是建党建团的基地。2019 年 9 月 16 日，习近平总书记在河南考察时指出：“鄂豫皖苏区根据地是我们党的重要建党基地。”在这里开展的革命活动始终与中国革命保持同频共振。依据在哪里？一是共存社在鄂东成立；二是 1921 年底黄冈就在陈策楼和八斗湾建立了两个党小组，次年春发展为两个党支部。这是湖北最早的农村党组织。

学界长期忽略的一个重要事实是：鄂豫皖建党者来自粮道街，不仅如此，全省很多县的党组织创始人也来自粮道街。

武汉学生请愿团团标

湖北最早的马克思主义者大都在粮道街有过较长时间的活动，如董必武、陈潭秋、恽代英、林育南、施洋、黄负生、陈荫林等。党的一大代表 5 人来自湖北，这 5 人都在粮道街工作、革命过。1920 年，董必武等人在此地创办私立武汉中学校，很快就成为湖北党组织的活动基地。1920 年 8 月，共产党武汉早期组织在武昌府院街建立，在最初的 7 名党员中，董必武、陈潭秋、郑凯卿、张国恩、赵子健五人在粮道街工作，包惠僧几次去过粮道街从事革命工作，刘伯垂在武汉中学参与武昌社会主义青年团的建立。11 月 7 日，董必武等人在武汉中学成立武昌社会主义青年团，在出席成立大会的 18 中，其中 7 人为共产党武汉支部成员，有 11 人是学生（武汉中学 10 人）。董必武等人以武汉中学为据点，在学生中开展马克思主义宣传，开展党团组织发展工作，并指导学生深入工厂、农村进行调查研究，对青年学

互助社部分社员合影（前排左起：汤济川、杨理恒、恽代英、林育南、萧鸿举、刘仕静；后排左起：郑兴焕、郑遵芳、沈光耀、魏以新）

生的成长提供了很好的指导。

截至 1927 年，在武汉城区，在学校中建立党支部的有武昌大学（今武汉大学的前身）支部、中华大学（今华中师范大学的前身）支部、湖北高级中学支部、湖北第一师范学校支部。在学校中建立团支部的有省立第一师范学校团支部、中华大学团支部、高等商业学校团支部、外语专门学校团支部、湖南中学团支部、共进中学团支部、武昌师范大学团支部、文华大学（今华中师范大学的前身）团支部、商科大学团支部、高级中学团支部、武汉中学第一、第二支部。粮道街的学校最多，有 5 个，占 42%。

1921 年 7 月 16—21 日，共存社在浚新小学召开，利群书社及其他团体 24 人参加，长沙文化书社代表易礼容应邀参加。确定宗旨为"以积极切实的预备，企求阶级争斗、劳农政治的实现，以达到圆满的人类共存为目的"。实际上，共存社就是共产党组织。这 24 名参会人员基本上来自粮道街。

这里是优秀人才的摇篮。在粮道街学习、工作、革命的党员，据考证，有 288 人，其中，90% 以上在此地有较长时间的活动，基本上活跃于 1919—1927 年。其中在粮道街形成革命思想的中华大学 60 余人、武汉中学 40 余人、湖北省立甲种工业学校（今武汉科技大学）15 人、湖北省立一中（今武汉市第十四中学）20 余人。加上粮道街辖区荆南中学、启黄中学的 35 人，自粮道街成长起来的学生身份的党员接近 200 人。

著名的人才有董必武、恽代英、李汉俊、陈潭秋、林育南、李求实、许白昊、项英、施洋、陈荫林、何羽道等，大都是 1919—1927 年在粮道街成长起来的。

陈独秀、李大钊、周恩来、张太雷、徐向前、萧楚女等也在这个时期或宣传马克思主义，或从事革命工作。

粮道街对湖北乃至全国革命产生了深远的影响。

一是粮道街的革命火种燃遍了湖北大地。

在省城求学的进步知识分子在农村革命中扮演了革命思想的播火者、基层党组织创建者的角色，这些人很多来自粮道街。黄麻起义的 10 名领导人中，7 人来自启黄中学、武汉中学、中华大学，1 人来自湖北省立第一师范学校。1921 年，中华大学的肖人鹄在黄冈县任陈策楼党小组组长，次年任陈策楼党支部书记，这是最早的地方基层组织。中华大学的唐际盛于 1924 年建立黄陂县第一个党组织——三合店党小组。大别山区较为典型。从鄂东看，黄冈、黄梅、黄安、麻城、罗田、广济、浠水（蕲水）、蕲春（英山属于安徽）8 县，党组织创始人全部来自粮道街。

其他地区也不例外。原荆州，除潜江外（沔阳人在潜江发展党员，建立党组织），在监利、公安、天门、沔阳、京山、石首、钟祥、松滋 8 县党组织创建者中，6 人来自武汉中学、中华大学、省立一中、荆南中学，占 75%，其余 2 人来自省立一师。再看咸宁，咸宁、蒲圻、嘉鱼、阳新、通山、通城、崇阳 7 县，1 人不可考，其余 6 人，来自中华大学 2 人、湖北省立甲种工业学校 1 人，占 50%，另外来自湖北省立第一师范学校 2 人。董必武曾在省立一师任教，指导学生成长，可以说，省立一师也是粮道街辐射的结果。如果加起来，则是 83%。

据统计，截至 1927 年 7 月，全省 69 个县，就有 65 个县建立党组织或有党员活动，这些人基本上都是学生党员，主要来自武汉、荆州、襄阳、宜昌，大部分来自昙华林。所以，粮道街革命火种燃遍全省。

二是粮道街人才奉献中国革命。

恽代英翻译的《阶级争斗》是最重要的三本书之一。毛泽东自己说过，他的马克思主义信仰，是通过读《共产党宣言》等书确立起来、成为一个马克思主义者的。1936 年 10 月，他在与美国记者斯诺的谈话中说：“我第二次到北京期间，读了许多关于俄国情况的书。我热彻地搜寻那时候能找到的为数极少共产主义书籍。有三本书特别深刻地铭记在我的心中，建立起我对马克思主义的信仰。”① 他说的这三本书，就是《共产党宣言》《阶级争斗》和《社会主义史》。

《阶级争斗》是恽代英受陈独秀委托翻译的，1921 年 1 月作为新青年丛书第八种在上海出版。1891 年，德国社会民主党在厄佛得（Erfurt，现译爱尔福特）召开大会，通过了著名的党纲宣言。为宣传党纲宣言，德国社会民主党主要领导人柯祖基（Karl Kautsky，现译卡尔·考茨基），以《爱尔福特纲领解说》为名，对党纲宣言进行了解读。该著作正确地阐述了马克思的政治经济学原理和阶级斗争学说，曾得到恩格斯的肯定和支持。1920 年下半年，恽代英翻译了该书，译名为《阶级争斗》。此书对马克思主义在中国的早期传播产生过重要影响。

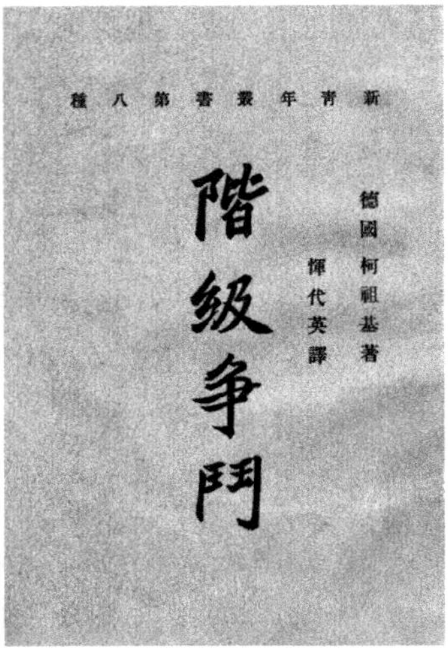

恽代英译《阶级争斗》

《共产党宣言》标志着马克思主义的诞生，它的第一部分的第一句话是“至今一切社会的历史都是阶级斗争的历史”。信奉不信奉阶级斗争学说是马克思主义与空想社会主义、无政府主义、基尔特社会主义的根本区别之一。

早期马克思主义者一个共同的特征是，最初思想很驳杂，最后在比较鉴别中信仰马克思主义。毛泽东对斯诺说：“这个时候，我的思想是自由主义、民主改良主义、空想社会主义等思想的大杂烩。”“在那个时候，我赞同许多无政府主义的主张。”② 接受阶级斗争学说，意味着摒弃无政府主义、空想社会主义等非科学社会主义。恽代英等利群书社的成员特别是恽代英信仰无政府主义（恽代英 1920 年曾说：我信仰安那其已经七年了），主张通过互助实现共产主义，这

① [美]埃德加·斯诺著:《西行漫记》，生活·读书·新知三联书店 1979 年版，第 131 页。

② [美] 埃德加·斯诺著:《西行漫记》，生活·读书·新知三联书店 1979 年版，第 125 ～ 127 页。

是幻想，接受阶级斗争理论就表明找到了实现路径，恽代英等人思想转变就受到此书很大影响。周恩来、董必武、彭德怀也都曾受过此书很大的影响。

李汉俊有独特的贡献。李汉俊（1890—1927），原名李书诗，字人杰，号汉俊，湖北潜江人，1904 年，年仅 14 岁，随兄长李书城留学日本，1918 年毕业于东京帝国大学，获工学学士学位。受日本著名学者河上肇影响，接受了马克思主义，通晓日、德、英、法四国语言。1919 年回国，从事著述与翻译工作，宣传马克思主义。1920 年春，主编《星期评论》（1919 年国民党创办，戴季陶、沈玄庐、李汉俊、朱执信是撰稿人，宣传新文化）。5 月与陈独秀组织马克思主义研究会。8 月，成立“中国共产党”，创办《劳动界》，担任主编。1921 年，参加中共一大，与董必武起草给共产国际的报告。

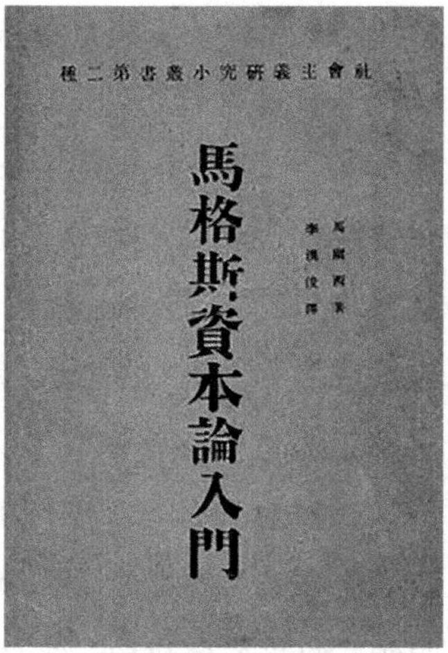

李汉俊译《马格斯资本论入门》

《马格斯资本论入门》作者是德国人马尔西（社会党左翼领导人），李汉俊依据日文书籍转译，1920 年出版。此书介绍了马克思（马格斯）《资本论》有关商品、价值、价格、剩余价值、资本、劳动关系等。是了解《资本论》的入门之书。毛泽东最早也是通过这本书了解《资本论》的内容。1920 年，毛泽东读了李汉俊翻译的这本书，把它列为“书之重要者”。陈独秀、李大钊大力推荐此书。《马格斯资本论入门》发挥了独特的作用，为认识马克思主义政治经济学提供指导。这是上海早期党组织出版的第二部马克思主义书籍，出版后，武汉、北京早期党组织把它作为学习马克思主义的必读书籍。为什么如此重视？因为，剩余价值学说和唯物史观是马克思主义的两大理论基石。

李汉俊也是最早提出建党的人，是主要建党人之一（或核心发起人）。他是董必武的“马克思主义老师”，指导武汉建党，对湖北建党有直接的贡献。

湖北建立全国第二个早期组织。1920 年 8 月，董必武等在董必武寓所（府院街）建立“共产党武汉支部”，成员为董必武、陈潭秋、张国恩、郑凯卿、包惠僧、赵子健、刘伯垂等人。一大召开时，全国党员人数为 58 名。湖北党员人数名列第三（8 名），仅次于上海（13 名）、北京（16 名）。

在中共一大代表中湖北人最多。李汉俊是董必武的马克思主义老师。董必武，湖北黄安（今红安）人，武昌文普通中学毕业，留学日本，参加孙中山领导的辛亥革命。1920 年创建武汉中学，创建湖北党的早期组织、武昌社会主义青年团等。陈潭秋，湖北黄冈人，武昌高师毕业，武汉中学国文教师，协助董必武建党建团。包惠僧，湖北黄冈人，1917 年毕业于湖北省立第一师范学校，新闻记者，陈独秀的代表，中共湖北早期组织书记，一大召开后任湖北党组织书记。刘仁静，湖北应城人，毕业于中华大学附中、北京大学，是互助社成员，作为北京代表参加一大。如果加上湖南四人，即毛泽东、何叔衡、李达、周佛海，则两湖地区总共 9 人，是名副其实的“惟楚有才”。

共存社具有典型性。1921 年 7 月 16 日至 21 日，恽代英、林育南、林育英、李求实等 24 名革命青年在黄冈团风回龙镇白羊山下浚新学校成立共存社，旨在“以积极切实的预备，企图阶级斗争、劳农政治的实现，以达到圆满的人类共存为目的”。[①] 会上众代表均表示赞成组织新式的党——布尔什维克式的党，提议取名为“波社”，最后定名为共存社。共存社没有国际背景，与中国共产党早期组织也没有任何联系，这说明中国共产党的诞生是中国社会发展的必然结果。1921 年下半年，恽代英等人正式加入中国共产党，并主动解散共存社。

大革命失败后，中国共产党开始武装起义，至 1949 年新中国建立，湖北党组织、湖北革命政权、湖北根据地始终没有间断，始终一脉相承，这是全国唯一的自 1927—1949 年都有根据地的省。鄂豫皖革命根据地被习近平总书记称为“二十八年红旗不倒”。这是湖北的贡献，其源头在粮道街。

① 中共湖北省委党史研究室编：《中国共产党湖北早期组织》下册，中共党史出版社 2016 年版，第 706 页。

李汉俊三次来到粮道街

李汉俊

李汉俊（1890—1927），原名李书诗，号汉俊，笔名李人杰、人杰、汉俊、汗、海晶、海镜、厂晶、先进等。湖北潜江人。早年留学日本，接受马克思主义，1918年回国。1920年，与陈独秀在上海建立中国共产党第一个早期组织，1921年参加中共一大，是中国共产党的创始人之一。后脱党，参加领导工人运动，反对国民党右派。1927年，被桂系军阀杀害。

李汉俊与粮道街有缘，他先后三次在粮道街从事革命活动。

第一次是在1903年。1902年，李汉俊从家乡湖北潜江来武昌读小学，1903年跟随其兄李书城去过花园山。花园山聚会是湖北最早的革命组织，吴禄贞是组织者，被称为“湖北革命第一人”。1903年，留学日本回国的吴禄贞以李步青在花园山的寓所为据点，秘密从事革命活动，他们有明确的分工，并确立打入新军的革命方略。李书城是经心书院的学生，后来也留学日本，接受了革命思想，是著名的革命者。参加花园山聚会的革命党人多是经心书院、两湖书院的学生，多有留学日本的经历。对于李汉俊参加花园山聚会这一段经历，几乎没有历史记载。1926年3月8日，在孙中山先生逝世一周年前夕，李汉俊应邀为《国民新报》“孙中山先生逝世周年纪念特刊”撰写了《十四年前的回顾》

一文，文中谈到“在国内小学的时候就已羡慕革命，知道先生是革命党底领袖”。[①] 他的革命思想显然受到哥哥和其他革命党人的影响，年仅 13 岁的李汉俊也就成为一名小小革命者了。1904 年，李汉俊跟随李书城赴日本留学，1905 年，在日本会见孙中山，并加入中国同盟会。

1920 年冬，李汉俊回到湖北，来武汉中学联系董必武，董必武请他在武汉中学讲授社会主义理论。李汉俊与董必武相识于上海。1919 年，董必武去上海，见到了从日本回国的李汉俊。在日期间，李汉俊接受了马克思主义，回国时，带来了许多马克思主义书籍和俄国十月革命的消息。董必武、李汉俊、张国恩、詹大悲经常在一起讨论时政，探讨救国之道。李汉俊把进步书刊推荐给董必武学习，向他们宣传马克思主义。在李汉俊的影响下，董必武转变为马克思主义者，董必武在以后的回忆中说，李汉俊是他的马克思主义老师。为了教书育人，1920 年春，董必武创办了武汉中学，8 月，在李汉俊指导下建立了武汉早期党组织。可见，李汉俊对武汉马克思主义传播和早期党组织建立都有很大的贡献。茅盾回忆说，李汉俊从日本回国后曾在武汉活动，后因武汉不能存身，便去上海。这是他在粮道街的第二次活动，来去匆匆，停留的时光短暂。1921 年，李汉俊在上海参与成立了中国共产党。

第三次是 1922 年至 1923 年。1922 年初，李汉俊与陈独秀产生分歧，回到武汉，在武昌高等师范学校（今武汉大学前身）担任教授，讲授社会学课程。当年春，湖北省立女子师范学校发生学潮，顽固守旧的校长王式玉决定解聘宣传新思想的进步教师刘子通，遭到进步学生的强烈反对。王式玉竟然变本加厉，决定开除徐全直、夏之栩、杨子烈等进步学生，结果，引发更激烈的对抗和冲突。武汉党组织积极干预，请中华大学校长陈时、武汉中学校长刘觉民等人出面调解，李汉俊参与了调解工作。在武汉党组织领导下，各校师生纷纷支持徐全直等进步学生。迫于压力，湖北省教育厅决定恢复被开除学生的学籍，学生取得毕业证，提前离校，王式玉也被迫辞职。

为了解决提前离校学生的学业问题，董必武、陈潭秋等请人为她们授课。

① 汉俊：《十四年前的回顾》，《国民新报》（副刊）1926 年 3 月 12 日“孙中山先生逝世周年纪念特刊”，第 14 页。

最初设立于黄土坡李汉俊住宅，后多次更换地点，最后换到中华大学校长陈时家中，陈时住宅位于花园山，在今粮道街区域。李汉俊是授课教师之一。暑假，武汉党组织主导的妇女读书会开办妇女补习班，有40余人参加，李汉俊讲授唯物史观。妇女补习班设在启黄中学，地点在粮道街朱家巷。同年，武汉党组织建立马克思学说研究会，参加者是武汉党团成员和革命斗争中的积极分子，开会地点在武汉中学，李汉俊是报告人之一。在武昌高等师范学校任教期间，李汉俊又受聘中华大学和武汉中学，兼任教师。

1923年10月，因卷入武昌高等师范学校内部冲突，李汉俊提出辞职，也离开了粮道街。在此前后，李汉俊脱党。但是，李汉俊仍然从事反帝反封的革命斗争。1927年12月17日，李汉俊被反动军阀以“共党”名义杀害。

1953年8月15日，中华人民共和国主席毛泽东签发了0011号“革命牺牲工作人员家属光荣纪念证”，上面写道：“查李汉俊同志在革命斗争中光荣牺牲，丰功伟绩永垂不朽，其家属当受社会上之尊崇。除依中央人民政府‘革命工作人员伤亡褒恤暂行条例’发给其家属恤金外，并发给此证以资纪念”。

饶有兴味的是，李汉俊三次到粮道街扮演了不同的角色——第一次是资产阶级民主主义者，第二次是马克思主义者，第三次是中国共产党党员，三次身份转变表明了一个人政治态度的变迁轨迹，也浓缩了中国革命的三段历史进程。

留得豪情作楚囚——青年楷模恽代英

浪迹江湖忆旧游，故人生死各千秋。

已摒忧患寻常事，留得豪情作楚囚。

这是革命英烈恽代英1931年春在南京国民党“中央军人监狱”写的绝笔诗，这充满豪情、视死如归的诗篇展现了一名共产党人的高尚情操。

恽代英是粮道街成长起来的中国共产党青年运动的领袖。他生活在粮道街，求学在粮道街，成长在粮道街，革命在粮道街。

青年时代的恽代英

恽代英（1895—1931），谱名遽轩，字子毅，笔名代英、英、天逸等。出生于武昌老育婴堂街，父亲在各处州县官府做幕僚。1905年，入龙正初等小学堂，1907年，入武昌北路高等小学堂。1913年，暂住武昌候补街，后迁武昌涵三宫。候补街、涵三宫都在今粮道街辖区。同年考入中华大学预科，中华大学位于粮道街。1915年，转入中华大学中国哲学门。1918年6月毕业。7月，被聘为中华大学附中教务主任（校长），1920年1月辞职，10月赴安徽宣城，任教于安徽省立第四师范学校。至此，恽代英在粮道街连续学习、工作、生活达7年多。此后，恽代英在粮道街的活动则呈现断断续续的特点，1927年，国民革命中心移到武汉，恽代英回武汉工作，在得胜桥家中与第二任妻子沈葆英结婚。

恽代英在粮道街成长的轨迹十分清晰，在湖北创建党组织中发挥了独特的作用。

他是湖北新文化运动的发起人。一般认为，五四新文化运动的产生标志是1915年9月《青年杂志》的创刊。有学者认为，与之相比，武汉地区新文化运动要早一些，其标志是1915年5月中华大学校刊《光华学报》的创刊，1917年，恽代英任该刊主编。其后，《学生周刊》《我们的》《互助》《文华周刊》等进步刊物纷纷创办。恽代英的利群书社、董必武的武汉中学、中华大学的《光华学报》、文华大学的讲坛，都是传播新文化的阵地，进而成为宣传马克思主义的阵地。在新文化运动中，湖北占有重要的位置。在纷纭繁杂的思想浪潮中，马克思主义以其强大的生命力最终为湖北先进分子所接受，成为时代主题，并为湖北早期党组织的建立奠定了思想文化基础。

他是湖北进步团体的创始人。互助社成立于1917年10月，发起人是恽代英、黄负生等人。互助社成立时只有4人，到11月就达到19人。在互助社的影响下，一些进步社团建立起来，从事新文化运动，如端风团、觉社、仁社、辅仁社、健学会、日新社、启明化学工业社、诚社等。1920年，恽代英、余家菊等人建立了利群书社，经营宣传新思潮、新文化的书刊。利群书社紧靠昙华林，以昙华林的学生为主要读者，对传播新思想、新文化，贡献很大。他们还创办《互助》杂志，作为宣传阵地。利群书社联络了一批有志于改造社会的知识分子，它几乎包括了互助社和其他社团的成员，如恽代英、林育南、林育英、黄负生、李求实、施洋、萧楚女、刘仁静、肖人鹄、余家菊、陈启天等，这些有志于传播新文化、改造社会的知识分子后来都成为民国时期的风云人物，其中一大批在宣传新文化中接受马克思主义，逐渐成长为中国共产党的早期党员，如恽代英、林育南、刘仁静、黄负生等。

他是湖北五四运动的点火人。1919年5月4日，五四运动在北京爆发。5月6日，恽代英、林育南在中华大学印制传单，第二天在中华大学运动会上散发，揭开了湖北五四运动的序幕。5月9日，武汉各大中学校聚集在中华大学，商讨联合行动事宜，并以武昌学生团的名义开展活动，其后，武昌学生团改名为武汉学生联合会。熊熊的五四烈火在粮道街点燃。在五四运动中成长起来的爱国知识分子，后来逐步成长为早期共产党人。

他是中共早期组织的创建者之一。1921 年 7 月 16 日至 21 日，恽代英与林育南、林育英、李求实等 24 名革命青年在黄冈团风回龙镇白羊山下的浚新小学开会决定成立共存社，其宗旨是“以积极切实的预备，企图阶级斗争、劳农政治的实现，以达到圆满的人类共存为目的”。会上众人一致表示赞成组织新式的党——布尔什维克式的党，提议取名为“波社”，最后定名为共存社。共存社没有国际背景，与中国共产党早期组织也没有联系，这说明中国共产党的产生是中国社会发展的必然结果。1921 年下半年，恽代英等人积极加入中国共产党，于是主动解散共存社。

可见，恽代英的人生理想——共产主义是在粮道街确立的。

国民革命时期的恽代英

此后，恽代英积极投身于国民革命中。1925 年他参与领导五卅运动。1926 年 5 月被党派到黄埔军校，任政治主任教官和中共党团干事。1927 年 1 月回武汉，主持中央军事政治学校工作，任政治总教官。7 月奉中央之命赴九江，任中共中央前敌委员会委员，参与领导南昌起义。12 月参与领导广州起义，任广州苏维埃政府秘书长。1928 年底到上海任中共中央宣传部秘书长、组织部秘书长等职，曾主编中央机关刊物《红旗》。1929 年 6 月在中共六届二中全会上被补选为中央委员。

1930 年 5 月 6 日，恽代英在上海被国民党当局逮捕。1931 年 4 月 29 日，恽代英高唱《国际歌》走向刑场，英勇就义。

周恩来评价，恽代英是“中国青年热爱的领袖”“中国革命青年的楷模”。

粮道街成长起来的英烈林育南

林育南是龙华二十四烈士之一。1931 年 2 月 7 日，他与何孟雄、李求实等 24 人在上海龙华监狱英勇就义。

林育南

林育南（1898—1931），原名林毓兰，小名祚本，字湘浦，笔名林根、根等，出生于湖北黄冈县回龙区林家大湾（今团风县回龙镇）布商之家。1904 年，入私塾，后入黄州一所新式小学。

1915 年，林育南考入武昌中华大学附中，来到了粮道街。在这里，他遇见了恽代英，在这里，他确立了他的人生理想——共产主义。粮道街是他思想升华之地。

林育南进入中华大学附中之时，全国新文化运动兴起。在学校，林育南接受新文化的熏陶，主张“立品救国”。1917 年，他的三篇文章引起恽代英注意，被刊登在恽代英主编的《光华学报》上。

1917 年，恽代英、黄负生、冼伯言等人在中华大学建立了湖北第一个进步团体——互助社。互助社虽然主张克鲁泡特金的无政府主义，但以“群策群力自助助人”[①] 为宗旨，提倡不嫖、不赌、不吸烟、不饮酒、不说谎、考试不带夹带，主张通过修身、互助等形式，改造社会、改造国家。林育南是有抱负的青年，将

① 张允侯等：《五四时期的社团》（一），生活 · 读书 · 新知三联书店 1979 年版，第 118 页。

恽代英引为知己，加入到互助社中，成为恽代英最得力的助手。1818 年，恽代英从中华大学毕业，留校任附中部校长，恽代英与林育南成为亦师亦友的关系。

林育南与恽代英志同道合，他积极协助恽代英指导武汉地区各学校进步学生成立进步团体，恽代英参与组织了仁社，林育南参与组织了黄社、健学会和诚社。为宣传新思想、新文化，他协助恽代英在中华大学校门口开办启智图书室，为青年学生提供接触宣传新思想、新文化的书刊，后来成立书刊代售部，推销进步书刊，武昌勺庭中学进步学生李书渠通过这个渠道与林育南结识，并通过林育南结识了恽代英。1919 年初，林育南创办《新声》半月刊，该刊被誉为“武昌第一个新文化出版物”。①

林育南也是湖北五四运动的点火人。1919 年 5 月 4 日，五四运动在北京爆发。5 月 6 日，恽代英、林育南在中华大学印制传单，第二天在中华大学运动会上散发，揭开了湖北五四运动的序幕。5 月 9 日，武汉各大中学校聚集在中华大学，商讨联合行动事宜，并以武昌学生团的名义开展活动，其后，武昌学生团改名为武汉学生联合会。熊熊的五四烈火在粮道街点燃。6 月 29 日，林育南向恽代英辞行，他和文华大学的学生余上沅代表武汉学生联合会，参加在上海组织的全国学生联合会的工作。在五四运动中，林育南协助恽代英做了大量工作，是与恽代英并肩作战的双子星座。

在新文化运动中，林育南宣传过“立品救国”“教育救国”“学术救国”等思想，积极探索救国救民的真理。如同当时进步知识分子一样，他的思想也是驳杂的，对他影响最大的是无政府主义和新村主义，这与恽代英的认识颇为一致。

为了建立一个没有剥削、没有压迫、人人做工、人人平等的理想社会，林育南、恽代英进行了探索：在城市以互助的形式共同生活，废止金钱，废止私产，共同劳动，共同生活，半天生产，半天读书，儿童实行公育。1920 年，恽代英、林育南建立了利群书社，作为实验新生活的基地。在农村，他们在林育南的家乡创办浚新小学，作为共同生活的基础。他们企图通过这种形式，改造社会，建立共产主义社会。显然，这是不切实际的空想，利群书社共同生活的理想也

① 张允侯等：《五四时期的社团》(一)，生活 · 读书 · 新知三联书店 1979 年版，第 125 页。

落空了。当然，他们在建立实验基地的过程中，也宣传了新思想、新文化，积极探索了改造中国社会的路径，对进步青年起到了示范和引导作用。

1920 年秋，林育南考入北京国立医学专科学校，离开了他在此学习知识、探索社会改造的粮道街，至此，林育南在粮道街整整度过了五年时光。

林育南虽然离开了武汉，但他的心仍在粮道街。在北京，工读互助的实验已经失败，处于探索中的林育南认识到，通过互助组织实现共产主义理想是行不通的。他写信给恽代英，表达了对无政府主义的怀疑。1921 年 6 月 1 日，林育南又一次写信给恽代英，明确表示不同意“共同生活”的主张。与此同时，恽代英受陈独秀委托翻译考茨基的《阶级争斗》，在翻译中，他接受了马克思主义阶级斗争学说，认识到实现共产主义的路径只能是阶级斗争，互助是一厢情愿的空想。林育南、恽代英终于完成了思想转变。

1921 年暑假，林育南回到湖北。7 月 16 日至 21 日，利群书社成员 20 多人再次来到黄冈县八斗湾浚新小学聚会，建立新的组织。大会第一天，一致同意将新组织命名为“波社”。“波”即“波尔什维克”，显然，这是要建立布尔什维克式的组织。后来定名为共存社，其宗旨是“以积极切实的预备，企图阶级斗争，劳农政治的实现，以达到圆满的人类共存为目的”。显然，这就是共产主义性质的组织。共存社成立，意义十分重大，不仅表明利群书社的根本转变，表明恽代英、林育南等人实现彻底转变，而且雄辩地证明：中国共产党的产生，是中国社会发展的必然结果！并不是偶然的现象，更不是所谓共产国际、俄罗斯共产党输出革命的结果。因为，恽代英、林育南等人没有任何国际背景。

1921 年 7 月 23 日，中国共产党第一次全国代表大会在上海召开，这是开天辟地的大事，从此，中国有了无产阶级政党的领导，中国革命面貌焕然一新。在得知中国共产党成立的消息后，恽代英、林育南解散了共存会，先后加入中国共产党。1921 年底，林育南成为中国共产党党员。

入党后的林育南在武汉从事工人运动和学生运动。1920 年 8 月，中国共产党在上海建立了领导工人运动的组织——中国劳动组合书记部，并在北京、武汉、长沙、广州等地建立分部，林育南加入武汉分部，深入工厂，开办夜校，启发工人觉悟，组织工会，先后参与领导粤汉铁路罢工、汉口人力车夫罢工、汉口英美烟厂罢工、二七大罢工等工人运动，显示了卓越的领导能力。1923 年 9 月，被选为团中央秘书，成为青年团中央领导成员，他的战友恽代英任编辑。1924 年，任团中央代理秘书，兼任宣传部主任。1925 年 3 月，任团武昌地委书记。5 月，任团中央书记。

林育南也是湖北地方党组织的负责人之一。他是中共湖北区委委员，创办过区委机关刊物《群众》周刊。1927 年 10 月，任湖北省委常委，负责宣传工作，11 月，代理湖北省委书记。大革命后期，他的主要活动还是开展工人运动，1927 年 1 月，他担任湖北省总工会宣传主任，5 月，担任全国总工会秘书长。

1929 年春，林育南被派往上海，从事工人运动。1931 年 1 月 17 日，因叛徒出卖，林育南被捕。林育南等24位党员，“在敌人面前坚强不屈，慷慨就义”。（语出一九四五年四月二十日中国共产党第六届中央委员会扩大的第七次全体会议通过的《关于若干历史问题的决议》）

一门三烈在粮道：陈磊、陈潭秋、陈荫林

在中国近代史上，湖北各地名人辈出，最多者非黄冈莫属。在黄冈，还有一家或一族涌现数位名人的，如“林氏三兄弟”林育南、林育英、林育容，林育英即张浩，林育容即林彪。还有“陈氏三兄弟”陈磊、陈潭秋、陈荫林。前者“林氏三兄弟”广为人知，后者“陈氏三兄弟”除了陈潭秋另两位鲜有人知。其实，“林氏三兄弟”并不是亲兄弟，“陈氏三兄弟”才是名副其实的同胞兄弟。在“陈氏三兄弟”中，弟弟陈潭秋、陈荫林都是中共早期党员和中共湖北早期领袖级人物，受到学术研究的重视，而哥哥陈磊英年早逝，没有两个弟弟那么有名气。实际上，陈磊最早参加革命，两个弟弟走上革命道路还是他影响的结果。他在湖北中等工业学堂（今武汉科技大学前身）求学期间，曾在黄冈老家陈策楼建立了陈氏私塾。这是家族式的学校，经费由家族筹措。两个弟弟就是他送进私塾读书的，他还鼓励他们努力学习，立志救国，对两个弟弟的成长，他倾注了心血。

陈磊画像

陈磊（1890—1912），字树三，又字树汉，湖北黄冈县（今黄冈市黄州区）人。1910 年毕业于湖北中等工业学堂预科，升入正科，攻读金工专业，1911 年被当局开除。学校位于粮道街辖区的昙华林。其实，陈磊本人勤奋好学，成绩优异，尤其擅长算术与英语。被开除的原因，是学校监督

无理开除他的同学牛某，他打抱不平，组织同学反对，引发学潮。

也就在 1909 年，陈磊加入革命团体，成为职业革命者。他与同学赵师梅、赵学诗在黄土坡（今首义路）主持同兴酒楼，秘密联络新军士兵和青年学子。同兴酒楼资金告罄后，他们一同主持同兴学社的工作。同兴学社是革命党的秘密机关之一，位于武昌巡道岭（今粮道街东段），负责发展、联络新军与学生。经过他们的活动，不少军人、学生加入革命组织。在文普通中学堂读书的董必武也常来此机关活动。1910 年，李四光从日本留学回国，在湖北中等工业学堂任教，并兼任学校工厂经理员。李四光也是黄冈人，是陈磊的老乡，两人之间有过交往。在日本，李四光就加入孙中山领导的同盟会，当时，李四光年仅 16 岁。李四光对陈磊从事革命给予了鼓励与引导。在陈磊等人的宣传鼓动下，湖北中等工业学堂 20 多人参加了革命党。

1911 年，湖北革命形势高涨，发动武装起义的条件已经具备，两个革命团体文学社、共进会决定联合举事。但由于门户之见，几次商谈都没有结果。陈磊晓以大义，对双方领导人进行撮合。陈磊豪放不羁，行侠仗义，革命党人都很佩服他，他的意见中肯，因此能被人接受。所以说，他对双方最后联合起到了很大作用。

最终，两个革命团体联合成立了领导起义的机构，并推定蒋翊武任临时总指挥、孙武任参谋长、刘公任总理，在武昌小朝街 85 号建立军事总机关，在汉口俄国租界宝善里 14 号建立政治总机关。陈磊任军事筹备员，常在武昌小朝街 85 号活动，显然，他是领导机构的核心成员。史料记载，陈磊曾在武昌小朝街 85 号秘密制造炸弹，不慎爆炸而受伤。

陈磊也是铁血十八星旗的绘制者之一。十八星旗是共进会的会旗，共进会成立于日本东京，会旗也是在东京设计的。共进会领导人刘公回国后，在武昌发展革命力量，武昌起义前，革命党人进行精心的策划和准备，其中就包括旗帜的绘制。绘制地点在昙华林（一说雄楚楼，即今红巷），绘制者除了陈磊之外，还有其同学赵师梅、赵学诗。

1911 年 10 月 10 日，武昌起义爆发，陈磊积极投身其间，参加了军政府建立和阳夏战争。南京临时政府建立时，黄兴任陆军总长，陈磊也在陆军部任职，同时，参加江亢虎等人建立的社会党。1912 年 1 月，陈磊到南京设立社会党的支部，一天中午，与人就餐时，桌上有人擦拭手枪，不小心发生意外，手枪走火而误中陈磊，陈磊因而殒命。

陈荫林（1898—1927），名森，号荫林，在同辈中排行第八。七岁启蒙，1915 年考入武昌外国语学校，1918 年考入北京大学。1920 年回到武汉，执教于武汉中学，并在湖北省立第一师范学校、启黄中学兼课。武汉中学、启黄中学位于粮道街，是革命的摇篮，培养了大批青年学子走上革命道路。在陈潭秋的影响下，陈荫林接受了马克思主义，并投身于工人运动中，1923 年加入中国共产党。陈荫林进步很快，1924 年 9 月，任中共武汉地方委员会农民委员会书记，积极从事农民运动。1925 年 7 月 5 日，召开了国民党湖北省第一次代表大会，正式成立国民党湖北省执行委员会，会上陈荫林当选为农民部部长。而位于武昌中营街和粮道街莺坊巷的郝绳祖家，成为秘密会议点，所以，陈荫林时常在粮道街活动。1927 年 3 月，当选湖北省农民协会副委员长。毛泽东主持武昌中央农民运动讲习所时，陈荫林曾任教官，培养农民运动骨干。在党的第五次全国代表大会上，陈荫林当选中央候补委员。他还曾居住在粮道街土司营，陈潭秋在他家寄宿。

陈荫林

1927 年 8 月 1 日，举世闻名的南昌起义爆发，陈荫林参加了起义，他被任命为工农委员会委员兼宣传科长。8 月 3 日，随起义军南下，不辞辛苦，因而病倒，9 月病逝于江西瑞金。

陈氏三兄弟共同的特点是，三兄弟都是在粮道街走上革命的道路。

一对坚定执着的革命夫妻
——陈潭秋与徐全直

1925 年，陈潭秋与徐全直结成伉俪，寓居戈甲营，后迁入太平试馆巷，戈甲营和太平试馆巷都在今天的粮道街辖区。

陈潭秋与徐全直是一对革命夫妻。

陈潭秋

徐全直

陈潭秋（1896—1943），湖北黄冈人。无产阶级革命家。曾入私塾、黄冈县立高等小学堂，1912 年，赴武昌求学，寄居粮道街双柏庙黄冈同乡会会馆，不久，考入湖北省立第一中学校。湖北省立第一中学校位于粮道街辖区的昙华林，是今武汉市第十四中学的前身。1916 年，陈潭秋毕业，随即考入武昌高等师范学校，武昌高等师范学校位于武昌东厂口，1913 年创办，是今武汉大学的前身。

1919年，陈潭秋毕业。

陈潭秋积极参加五四运动，积极接受新思想、新文化。1920年，他与董必武等人创建了私立武汉中学，任英文教师。武汉中学位于巡道岭涵三宫，即在今天的粮道街。在武汉中学，他们进行教育改革：招考和教学可以使用白话文；实行男女同校；建立学生会等自治组织。学校教学教育质量在同类学校中名列前茅。特别是，他们积极向青年学子宣传马克思主义，引导青年学子走上革命道路。据统计，武汉中学有60余名学子成长为中共早期党员，并扎根农村，建立基层党组织，发展革命力量，点燃革命火种。

1920年8月，陈潭秋与董必武等人在府院街成立中国共产党早期组织——中国共产党武汉支部，最早参加的7人，其中有6人来自粮道街。1920年11月7日，武昌社会主义青年团在武汉中学召开成立大会，包惠僧任书记。此会由董必武、陈潭秋、包惠僧、郑凯卿、赵子健、张国恩、刘伯垂、李书渠等发起。参加的学生11人基本上来自武汉中学。

1921年7月，陈潭秋与董必武代表武汉早期党组织参加了党的第一次全国代表大会，在13位代表中，5位是湖北籍人士，其中，董必武、陈潭秋来自粮道街，刘仁静曾在中华大学附中学习，参加互助社等进步组织，李汉俊在建党前后曾在粮道街从事马克思主义宣传，执教于武汉中学、中华大学，包惠僧则几次来粮道街活动。回武汉后，陈潭秋先后任中共武汉地委、武昌地委、湖北地委主要负责人等，是湖北党组织卓越的领导人。

在武汉中学执教的同时，陈潭秋还在武昌高等师范学校附属小学执教，引导钱亦石、伍修权等人走上了革命道路。他和董必武、刘子通、黄负生还执教于启黄中学、湖北省立女子师范学校等学校，指导青年成长，其中，来自湖北省立女子师范学校的徐全直就是他引领，从而走上革命道路的，后来还成了他的革命伴侣。

徐全直（1903—1934），亦名虔知、宛明，湖北沔阳胡家台子（今属汉川县）人。是中共妇女运动先驱。幼年随父迁居武昌。1910年入湖北省立女子师范学校附小，1919年考入湖北省立女子师范学校，在学校，她遇到了革命的引路人陈潭秋。

1922年，湖北省立女子师范学校发生学潮，驱逐顽固守旧的校长王式玉。陈潭秋、董必武等人给予积极支持。湖北女师学潮延续长达一学期，校长王式玉开除徐全直等进步学生。中华大学校长陈时邀这几名女生居住陈时的住宅，他的住宅在今粮道街辖区。由陈潭秋、董必武等为其补课，并出面调停。最后，王式玉辞职，当局宣布撤销开除学生的处分，文凭照发。女师学潮平息。

在此次斗争中，陈潭秋注重培养进步学生。经他介绍，湖北省立女子师范学校一批青年革命者加入中国共产党。其中多位女生加入中国共产党，后来成为中共早期领导人夫人，包括陈潭秋夫人徐直全（湖北沔阳籍）、张国焘夫人杨子烈（湖北枣阳籍）、赵世炎夫人夏之栩（浙江籍，在汉居住）、彭述之夫人陈篦兰（湖北黄陂籍）、陆沉夫人庄有义（湖北应山籍）等。其中，夏之栩为中共七大代表，1949年5月后历任中共武汉市委常委、组织部长，国家食品工业部部长助理、第一轻工业部副部长，是中共中央顾问委员会七位女性委员之一。而杨子烈、陈篦兰则因随夫改变信仰被开除党籍。

1924年9月5日，武汉反帝国主义运动大同盟在武昌中华大学成立，推选董必武、陈潭秋、陈时、钱介磐等7人任执行委员，董必武为临时主席。

1925年7月21日，国民党湖北省党部宣告成立。15日至20日，国民党湖北第一次代表大会在武昌举行。共产党人陈潭秋、钱介磐、吴崇德（吴德峰），国民党左派张国恩、郝绳祖、张朗轩等当选执委。武昌中营街和粮道街莺坊巷的郝绳祖家，成为秘密会议点。

1912—1927年，陈潭秋大部分时间在粮道街度过，在这里，他学习、工作、革命、生活，这也凸显出粮道街在中共湖北早期革命中的地位。

陈潭秋夫妇为中国新民主主义革命献出了宝贵生命。1927年后，徐全直曾任中共江西省委妇女部长、江苏省委组织部长等职。1933年4月26日在上海被捕，次年2月1日被害于南京雨花台。陈潭秋曾任江西省委书记、江苏省委组织部长、满洲省委书记、江苏省委秘书长等职，1942年9月17日，在新疆被捕，1943年9月27日，被秘密杀害。

英年早逝的中共第一批党员刘子通

在中国共产党的早期历史上，刘子通大名鼎鼎，甚至有“南陈、北李、中刘”之称，辛亥革命时期，他还是一位革命志士。可惜，这位一生以革命为职志的革命者英年早逝了。

刘子通

刘子通（1885—1924），名子栋，谱名泰湘，湖北黄冈（今黄冈市黄州区）东弦乡人。刘氏家族二世祖刘简，是江西临川人，明洪武年间进士，官至黄州知府。燕王朱棣“靖难”，刘简弃官，居黄冈县东弦乡。他为官十数载，清介自持，唯留书数筐而已，人称其住所为“留书湾”。传到刘子通的父亲秉彝公（名德金）已是十六世。刘德金是黄州府学生，刘氏家族重视教育，建有刘氏家族学堂。1892 年，刘子通在此启蒙。1903 年，刘子通进入位于粮道街区域的文华书院学习。1905 年，刘子通东渡日本，就读东京宏文学院，先学习日语，后转入速成师范科。

刘子通早年的政治取向是资产阶级民主主义。在日本留学期间，刘子通加入中国同盟会。1905 年，革命先行者孙中山来到日本，8 月 20 日，在东京建立中国同盟会，以“驱除鞑虏，恢复中华，创立民国，平均地权”为纲领，主张三民主义。刘子通是中国同盟会首批会员，他的黄冈同乡李四光也在此时留学日本，加入中国同盟会。

1905年冬，日本政府颁布《取缔清国学生规则》，严定中国学生入学资格，引起中国留学生强烈不满，留学生纷纷回国，予以抵制。1906年春，刘子通愤然回国，从速成师范科结业，1908年，受聘于四川成都铁道学堂。1910年10月，组织学生请愿，向当局提出“早开国会，废除专制”的要求。此时，国内兴起要求速开国会的热潮，各地请愿活动此起彼伏，但此举遭到清政府压制，四川总督赵尔丰严禁请愿活动，他明令通缉刘子通，刘子通被迫化装潜回武汉，积极投身于湖北革命活动。1911年10月10日，武昌起义爆发，刘子通加入起义军。10月11日，革命党人组建湖北军政府。16日，受湖北军政府派遣，刘子通秘密潜回黄州，策动黄州营防驻军起义，驱逐清朝黄州知府和黄冈知县，赢得黄州独立。革命党人随即成立革命政权，刘子通任黄州府督政科长。但是好景不长，辛亥革命失败，袁世凯窃取革命果实，中国进入北洋军阀统治时代。1917年，刘子通辞职。

1917年，刘子通再次来到武昌，来到湖北文化中心粮道街。他被聘为中华大学教师，主讲心理学、伦理学课程。次年，受聘于湖北省立第一师范学校，任教务长，并教授心理学、伦理学课程。同时，仍在中华大学兼职。

刘子通在粮道街完成了思想上的转变。1919年末，董必武、张国恩从上海回武汉。此时，董必武、张国恩已经受到马克思主义者李汉俊的影响。1920年，董必武、张国恩等人在巡道岭（粮道街东段）建立私立武汉中学校，刘子通应聘执教。在武汉中学，刘子通与董必武、陈潭秋等交往甚密，他们经常在一起研讨社会主义学说。在探讨中，刘子通开始接受马克思主义。

1920年8月，陈独秀、李汉俊等人在上海成立中国共产党早期组织，并指导武汉建立党组织。很快，董必武、张国恩、陈潭秋等7人成立共产党武汉支部。中共湖北早期组织建立后，积极发展党员，到1921年春，先后吸收进步教师刘子通、黄负生和失业工人赵子俊入党。这标志着刘子通的世界观实现了资产阶级民主主义向马克思主义的转变，刘子通也成为中共一大召开时的58名党员之一。

刘子通是中国共产党的宣传家。1921年1月，刘子通与恽代英、黄负生等创办了《武汉星期评论》，该刊“以改造湖北教育及社会为宗旨”[①]，积极宣传新思想、新文化，抨击传统礼教，宣传妇女解放；抨击封建专制和迷信，宣传民主科学；宣传马克思主义，反对各种改良主义；抨击旧教育，宣传改造社会。这个刊物随即成为中共湖北早期组织的机关刊物，社址设在武昌黄土坡27号，刘子通是该刊编辑。刘子通对湖北腐败的教育现状尤其不满，1921年11月，他在该刊发表《改良湖北教育意见书》，痛击腐败的教育制度和教育思想，在暮气沉沉的湖北教育界，无疑就是一声惊雷，它进一步推动了湖北教育改革，也直接推动了湖北省立女子师范学校的学潮。

刘子通就是女师学潮的点火人。1921年夏，刘子通受聘于湖北省立女子师范学校，讲授伦理学和国文等课程。在此前后，黄负生和陈潭秋也受聘到该校任钟点课教师。这几位早期党员特别是刘子通的到来，改变了湖北女师的校风。湖北省立女子师范学校，被代表顽固守旧势力的经心书院派把持着，他们抗拒新文化运动的潮流，依然用腐朽没落的封建道德来束缚学生的思想，教学生如何做一个具有“三从四德”的“贤妻良母”。学生被禁锢在学校内，不许出校门，连学生的来往信件也要检查。刘子通任教后，大胆革新，向学生宣传新思想、新文化，引导学生破除封建迷信、争取妇女解放。他还在学校组织读书会，向学生灌输《共产党宣言》《阶级争斗》等马克思主义著作的思想理论，宣传“男女平等”“婚姻自由”。在刘子通等人的教育下，湖北女师涌现出了大批进步学生，如陈媲兰、夏之栩、徐直全、杨子烈、袁溥之等。她们对旧的教育制度、教学内容和教学方法强烈不满，支持刘子通改革湖北教育的意见。1922年2月，学校校长王式玉将刘子通解聘，引起师生强烈的反对，形成声势浩大的学潮。王式玉变本加厉，竟然开除徐全直、夏之栩等学生，激起学生更激烈的抵制，学潮进一步扩大，中华大学、武汉中学等校纷纷声援，支持湖北女师进步学生。在教育界努力之下，历时九个月的学潮终于尘埃落定，王式玉被迫辞职，几名学生恢复学籍。反动军阀当局慑于刘子通的影响，下令对其予以通缉，刘子通被迫离开武汉。

1923年，在李大钊的帮助下，刘子通到北京，在教育部任职。由于积劳成

① 李良明、钟德涛：《恽代英年谱》，华中师范大学出版社2006年版，第186页。

疾，刘子通得了肺病，不久病发。9月，回到家乡养病。1924年3月，刘子通逝世。

1945年，在延安召开的党的第七次全国代表大会上，刘子通的名字被列入中国共产党革命先烈名录。1979年10月15日，经湖北省人民政府批准，刘子通被追认为革命烈士。

粮道街产生的中共第一批党员赵子健

赵子健似乎鲜为人知，殊不知，他是中共湖北党组织、团组织的创始人之一，是中共早期革命史上的一位风云人物。据2013年12月中共党史出版社出版的《中国共产党早期组织及其成员研究》一书认定：中国共产党早期组织成员共有58人，武汉党的早期组织成员为8人，赵子健是其中之一。

赵子健（1895—1950），又名人骥、云翔、仁义，湖北黄安（今红安）人，武汉共产党的早期组织成员，河南工人运动的先驱。早年就读于湖北省立第一师范学校，当时，董必武在湖北省立第一师范学校兼职任教，传播新思想，他深受进步思想的影响，积极参加五四爱国运动。

赵子健

1920年3月，董必武、张国恩在巡道岭（今粮道街东段）创建私立武汉中学校（俗称武汉中学）。赵子健在湖北省立第一师范学校读书期间，常来武汉中学帮忙。毕业后，应董必武邀请，又来武汉中学执教。武汉中学是传播新文化、新思想的阵地，后来又成为武汉乃至湖北地区传播马克思主义和开展党团组织活动的重要基地，为中国革命培养了大批骨干。

1920年8月，中国共产党早期组织在上海建立，在陈独秀、李汉俊的指导下，董必武、陈潭秋、张国恩、包惠僧等人在府院街（今民主路）成立共产党早期组织——共产党武汉支部，包惠僧任书记，赵子健也是与会者，是武汉早期党组织成员之一。中共一大召开时，全国仅有 58 位党员，赵子健是其中之一。武汉早期党组织成员深入工厂、码头，开展调查研究，了解工厂和工人阶级状况，建立工人夜校，在工人中传播马克思主义，启发工人觉悟。

1920 年 11 月，董必武等人在武汉中学成立了武昌社会主义青年团，这是湖北第一个共青团组织，成员除武汉早期党组织成员外，还有武汉中学 11 名学生，赵子俊也参加了成立大会。

1921 年 3 月，赵子健受组织派遣到郑州铁路职工学校任教，当时，学校教员仅 4 人。赵子健以教书作掩护，传播马克思主义，开展工人运动，并推动成立郑州工人俱乐部。当赵子健邀请李大钊为铁路工人讲学时，李大钊欣然前往。李大钊用通俗的语言讲述工人的苦难生活，讲解资本家不劳而获、剥削工人劳动成果，造成工人的贫穷。李大钊的郑州之行，为几个月后陇海铁路工人大罢工奠定了思想基础。在赵子健等宣传组织下，高斌、姜世海等一批工人觉悟起来，成为郑州工人运动的骨干。赵子健也成为最早到郑州从事革命的共产党员。

同年 6 月，郑州扶轮学校成立，董必武派赵子健转到扶轮学校任教。赵子健等人创办工人夜校，积极传播马克思主义。

1921 年，赵子健成立了郑州铁路工人俱乐部，选举高斌为总干事。11 月，组织陇海铁路工人同盟罢工。1922 年，协助李震瀛组织京汉铁路郑州分工会，当时，铁路工人有 900 余人，参加工会的就有 700 余人。8 月，组织声援长辛店铁路大罢工。1923 年 1 月，赵子健又参加了京汉铁路总工会成立大会筹备等工作。他是河南工人运动的先驱。

1923 年 2 月，二七大罢工失败后，赵子健回到武汉，经李汉俊介绍，在武昌师范大学学习社会学，1925 年毕业。毕业后到信阳第三师范学校任教。1926 年，到天津扶轮学校任教，同年下半年到汉口第二中学等校任教。

1927 年 3 月，毛泽东主持的武昌中央农民运动讲习所开办，赵子健担任教员，讲授《各国革命史略》，6 月，第一期毕业生 800 余人，为中国革命培养了一批从事农民运动的政治、军事人才。7 月 15 日，汪精卫背叛革命，镇压工农运动，屠杀共产党人、国民党左派和革命群众，大革命失败。赵子健辗转河南、山东等地，从事教育工作，脱离了党组织。

抗日战争时期，赵子健西迁四川重庆，在湖北旅渝同乡会开办的英才中学任教。在重庆期间，赵子健多次赴八路军办事处，向董必武汇报。1945 年 8 月，日本投降，抗战胜利。1946 年，赵子健回到武汉。

1948 年，赵子健抱病回到湖北黄安（今红安），变卖家产，兴办学校。全国解放后，董必武曾委托郑位三寻找他，并嘱咐郑位三给予照顾，可惜，赵子健已经于 1950 年春在家乡病逝。

湖北有个黄负生

“湖南有个蔡和森，湖北有个黄负生。”这是1922年毛泽东来武汉看望黄负生时说的一句话。当时，毛泽东组织湖南驱张运动（驱逐军阀湖南督军张敬尧），来到武汉，住在位于黄土坡（今首义路）的中共武汉区委秘密机关。机关设在黄负生家里，此时黄负生在家中养病，毛泽东看望了他。毛泽东的这句话是对黄负生高度的赞扬。在中共党史上，蔡和森大名鼎鼎，而黄负生因为去世很早，有些默默无闻。其实，黄负生也很有影响，他是湖北最早的党员之一，是湖北早期党团组织重要的领导人。

黄负生是地地道道的粮道街人，他居住于斯，读书于斯，工作于斯，革命于斯，去世于斯。

黄负生（画像）

黄负生（1891—1922），名凤清，字负生。祖籍安徽休宁。父亲早逝，家境清贫。1911年前后，就读于武昌工业传习所，这所学校创建于1905年，是张之洞湖北洋务运动的产物，位于粮道街区域的正卫街。读书期间，他积极参加反清革命活动，与革命党人刘公、刘寅过从甚密。阳夏战争期间，他参加学生军，保卫革命果实。

青年时代，他不满于现实，痛恨腐朽的社会制度，同情下层群众。他在诗《奴婢》中写道：

一餐无食儿女饥，
二餐无食儿女啼；
三餐无食卖了儿女衣。

无衣儿身寒；
无食儿肚饥；
若要不寒又不饥？
除非儿女各东西，
卖儿作人奴；
卖女作人婢；
卖儿钱多少？
不及爷娘泪。
卖女价如何？
不及柴米贵。

柴米有时尽，
儿女无还期。
爷娘倚门望，
望望日已西。
奴婢何尝不想娘，
主人鞭扑不敢望！

诗言志，这首诗声声控诉着封建社会的罪恶，句句挥洒着同情穷人的眼泪。青年时代的黄负生是胸怀天下的人，有匡时救国的理想，积极寻找着改造社会的方案。

1915年，黄负生结识恽代英、郑遵芳。当时恽代英、郑遵芳在粮道街的中华大学学习，他们结成诗社，相互唱和，黄负生写旧体诗，不少诗文发表在中华大学《光华学报》上，后来他也写新体诗。

1917年9月，黄负生受聘为中华大学中学部国文教师，而恽代英于1918年毕业后在附中部任校长。从此，他与志同道合的恽代英一起工作，一起并肩战斗。他们一起建立进步团体、领导五四运动、开展新文化运动。1917年10月，黄负生与恽代英发起成立互助社。互助社是湖北第一个进步团体，在其带动下，武汉学生建立了仁社、健学会、启明化学工业社、黄社等十多个进步组织。1920年，他协助恽代英建立利群书社。利群书社集合所有的进步团体和进步人士，试图以互助的形式，建立共产主义社会，他们还在黄冈县回龙区八斗湾建立浚新小学，通过新村形式实现没有压迫、没有剥削的理想社会。在探索改造社会的方案中，他们选择了克鲁泡特金的无政府共产主义和日本兴起的新村主义。

黄负生积极宣传新思想、新文化。1916年，他在《妇女杂志》发表《余意中之新家庭》，宣传男女平等、妇女解放思想。同年他发表的小说《孤儿》，揭露社会的黑暗，揭示人民的疾苦，宣传爱国主义。1920年，黄负生、刘子通、陈潭秋等人创办《武汉星期评论》，这是武汉宣传新思想、新文化的主阵地，地址初设汉口致忠学校，黄负生在此任教。武汉地委成立后，搬迁至武昌黄土坡27号黄负生家。黄负生曾任该刊主编。该刊“以改进湖北教育及社会为宗旨”，批判封建教育，抨击封建礼教，倡导教育革新，主张妇女解放，提倡民主政治。该刊大力支持工人运动、妇女运动、青年运动，初期宣传了新思想、新文化，后来积极宣传马克思主义，成为湖北党组织的机关刊物。黄负生在该刊发表了数篇文章和评论，其中《军阀脚下底自治》揭露地方军阀炮制的自治的虚伪性，《随感录——对于学生游行的感想》赞扬学生的爱国行为。黄负生主

武漢星期評論

《武汉星期评论》

编该刊40余期，直到他病逝。黄负生还参与编辑了宣传新文化的《道枢》《学生周刊》《互助》《我们的》等进步刊物，显示出敏锐的政治嗅觉、高超的编辑能力。

黄负生积极投身于五四爱国运动，他是恽代英得力的助手。黄负生长于文字，湖北五四运动中不少重要文章、信函和电报都出自他的手，他还与恽代英等人在汉口组织了万余人参加的国民大会，将罢课、罢工、罢市三罢斗争推向高潮。他参与主编的《学生周刊》，在发挥舆论引导力方面起到巨大作用。

在政治理想上，黄负生最初主张实业救国，在互助社、利群书社时期，他信仰无政府主义，后来在宣传新文化中逐步转变思想，接受了马克思主义。1920年9月1日，《新青年》发表了他与刘子通、陈潭秋合作的《汉口苦力状况》，说明他将目光转向了工人阶级。1920年秋，他参加了董必武等人组织的马克思学说研究会，研究马克思主义。如果说，互助社、利群书社是实验工读互助的理想的进步团体的话，那么，共存社就是名副其实的共产主义性质的组织。1921年7月16日至21日，恽代英、林育南等20余人在黄冈县八斗湾浚新小学召开会议，建立共存社，主张以阶级斗争的手段，建立劳农政治，达到圆满人类共存的目的。黄负生虽然没有参加会议，但在会议上被选为经济干事。1921年7月，中共一大召开，中国共产党成立。在获知这一情况后，恽代英、黄负生等人解散了共存社。

1921年春，黄负生加入中国共产党，是中共一大召开时全国仅有的58名党员之一。同年12月，武昌社会主义青年团重新建立，黄负生被选为秘书，是湖北团组织的领导人之一。1921年8月，按照中共中央的指示，包惠僧、陈潭秋建立了中共成立后湖北第一个地方党组织——中国共产党武汉地委，包惠僧任委员长，陈潭秋任组织委员，黄负生任宣传委员。黄负生是湖北党组织的领导人之一。

中共武汉地委积极发动与组织工人，开展工人运动，积极指导成立妇女组织，领导妇女运动，黄负生加入中国劳动组合书记部武汉分部，深入到汉口人力车夫中，了解工人状况，启发工人觉悟。他积极参与指导湖北省立女子师范学校的学潮，为被开除的学生辅导功课，指导进步妇女建立妇女读书会。

黄负生居住地随工作地点变换。在中华大学执教前后，他在粮道街莺坊巷22号居住，1919年在汉口致忠中学和辅德中学任教时搬迁到汉口，1920年，董必武在粮道街涵三宫创办武汉中学，黄负生应邀任教，再次搬回粮道街居住。1921年武汉地委成立后，黄负生搬到黄土坡27号，他的家成为地委办公地点。

1921年冬，黄负生患肺结核病。

1922年4月7日，黄负生病逝于粮道街的仁济医院。为悼念他，《武汉星期评论》推出了纪念专号。

黄麻起义领导人大多来自粮道街

“小小黄安，真不简单，铜锣一响，四十八万，男将打仗，女将送饭。”

这首红色民谣描绘的正是黄麻起义的壮丽画面，展示了黄（安）麻（城）人民众志成城、敢于斗争的革命精神面貌。黄麻起义是没有正规军队参与的起义，在当时也是没有进入中共湖北省委视线的一次起义。八七会议之后，湖北省委贯彻会议精神，积极准备武装起义，它擘画的重点是鄂南和鄂北的暴动，但鄂南和鄂北起义都很快失败了。黄麻起义不仅一举成功，而且奠定了红军三大主力之一的红四方面军和鄂豫皖革命根据地的基础，创造了“二十八年红旗不倒”的奇迹。关于黄麻起义的情况、特点、意义，学术研究给予较多关注，但鲜为人知的是，当时起义领导人七成以上均出自粮道街。

1927 年 11 月 13 日（一说 10 日），黄麻起义爆发。此前，成立了起义总指挥部，总指挥长是潘忠汝，副总指挥长是吴光浩，其余成员有曹学楷、戴克敏、刘文蔚、吴焕先、戴季英等。除吴光浩毕业于黄陂前川中学、吴焕先毕业于麻城蚕业学校、戴克敏毕业于湖北省立第一师范学校外，其余 4 人毕业于粮道街的几所学校，占总人数的 57%。除起义总指挥部成员外，红安县委党史资料征编委员会编写的《黄麻起义》认为，黄麻起义主要领导人还有符向一、刘镇一、王志仁、汪奠川、王秀松、蔡济璜等。其中，后 4 位也来自粮道街。两者相加，在粮道街成长起来的领导人有 8 人，占总人数 13 人的 61.5%。如果排除上级派来的非本土领导人符向一、刘镇一，则比例高达 73%。符向一是海南人，在上海加入中国共产党，1928 年 8 月才来湖北从事革命工作，10 月 27 日被任命为中共黄麻特委书记；刘镇一 1927 年 9 月还在参加领导鄂南暴动，10 月下旬才被派到鄂东，任鄂东革命委员会书记。如本书所言，粮道街是红色沃土，是湖北新民主主义革命摇篮。黄麻起义的领导人正是在这片红色沃土中成长起来的，他们大多曾在粮道街接受过中等教育，几乎全部在校期间就加入了中国共产党。戴克敏毕业于湖北省立第一师范学校，董必武曾在该校兼课，宣传马克思主义，该校曾涌现一批早期共产党员，他们的成长受董必武影响很大，可以说，这是粮道街辐射的结果。来自粮道街的领导人有潘忠汝、曹学楷、刘文蔚、戴季英、王志仁、汪奠川、王秀松、蔡济璜等 8 人。

潘忠汝（1906—1927），湖北黄陂人。1924 年考入武汉中学（一说启黄中学），接触马克思主义，参加学生运动。1926 年进入武汉中央军事政治学校学习，同年加入中国共产党。1927 年 11 月黄麻起义时任总指挥，起义后任中国工农革命军鄂东军总指挥兼第一路司令。1927 年 12 月 5 日，国民党反动军队袭击黄安县城。为掩护起义部队突围，他六出黄安城门，英勇牺牲。

曹学楷（1898—1931），湖北黄安（今红安）人。1918 年考入中华大学附中学习，1923 年进入武汉中学学习，积极参加学生运动。1925 年加入中国共产主义青年团，次年转入中国共产党。1926 年回家乡从事农民运动，次年，参与领导黄麻起义，任黄安县农民政府主席。后历任中国工农红军第十一军三十一师参谋长、中共鄂东特委委员、鄂豫边革命委员会主席、鄂豫边红军总预备队政委、中共第一军前敌委员会委员、第四军十一师政治部主任、第十三师政委等职。

刘文蔚（1906—1927），湖北麻城人。1925 年考入启黄中学，加入中国共产党。受党组织派遣，回家乡创建党的基层组织——中共麻城特别支部，任特支委员，领导农民运动。1927 年 11 月参与领导黄麻起义，组建麻城农民自卫军，后改编为鄂东军第二路军，任党代表。起义失败后继续进行革命斗争。同年 12 月，壮烈牺牲（一说 1928 年 1 月）。

戴季英（1906—1997），湖北黄安（今红安）人。先后在武汉中学、湖北省立第一中学校学习，1926 年加入中国共产主义青年团，是武汉著名的学生运动领袖。1927 年 2 月加入中国共产党。6 月，受党组织安排，回乡从事农民运动，参与组织黄麻起义。1928 年，起义余部改编为中国工农革命军第七军，任党委委员（政委）。后参与创建鄂豫皖革命根据地，曾任红二十五军七十四师政委、军政委等职。1934 年参加长征，参与创建鄂豫陕革命根据地。抗日战争时期，曾任新四军第四支队政委等职。解放战争时期，参与领导中原突围等，后任河南省委第二书记等职。中华人民共和国成立后，曾任河南省委常委兼开封市委书记。

王志仁（1904—1927），河南新县人。1923 年考入启黄中学，1924 年加入中国共产党。1926 年，被组织安排回乡，开展农民运动，建立农民自卫军。1927 年 10 月任中共鄂东特委书记，领导黄麻起义。起义后兼任中共黄安县委书记。12 月 9 日，在指挥反击国民党军队围攻起义军时牺牲。

汪奠川（1904—1928），湖北黄安（今红安）人。1924 年考入武汉中学，积极参与学生运动。1926 年加入中国共产党，同年被组织派往家乡，从事农民运动，曾在武汉中央农民运动讲习所学习。1927 年 11 月，参与领导黄麻起义，任鄂东军参谋长。起义失败后，参与组织部队转移到黄陂木兰山进行革命斗争，任中国工农革命军第七军参谋长。1928 年 3 月牺牲。

王秀松（1911—1931），湖北黄安（今红安）人。早年考入武汉中学，1925 年加入中国共产党。1926 年受党组织安排，回乡从事农民运动。1927 年 10 月任中共黄安县委委员兼团县委书记，11 月参与领导黄麻起义，任县农民政府委员。1928 年 10 月任重建的中共鄂东特委书记，参与领导鄂豫边革命根据地建设。后任红四方面军政治部秘书长。

蔡济璜（1905—1927），湖北麻城人。1925 年考入启黄中学（一说武汉中学），在校期间加入中国共产党。受党组织安排，回乡从事农民运动，创建中共麻城特别支部，任书记。1927 年 3 月任中共麻城县委书记，参与领导九月暴动和黄麻起义。起义失败后继续开展革命斗争，同年 12 月牺牲。

综上所述，黄麻起义的革命火种来自粮道街。

来自粮道街的中国共产党的第一个工人党员郑凯卿

在中国共产党成立100周年之际，人民网于2021年4月24日发表了一篇题为《李中：中共历史上第一位工人党员》的文章，对李中的革命经历介绍较为详细，文章说：

> 李中（1897—1951），湖南双峰人。中国共产党成立时，全国50多名党员中来自产业工人的党员非常少，其中一位工人党员就是李中。
>
> 1913年秋，李中被湖南省立第一师范学校录取，在这里，他结识了毛泽东、蔡和森、罗学瓒等同学，并在他们的影响下，不仅刻苦钻研学校所规定的各门功课，还积极参与社会活动中。他曾协助毛泽东领导一师学友会。学友会的宗旨是“砥砺道德，研究教育，增长学识，养成职业，锻炼身体，联络感情”，主要负责人及各部部长、组长、干事，均由各班代表组成的代表会议选举产生。1917年11月，学友会在毛泽东的主持下，在附近的国民学校内举办了工人夜学。
>
> 李中从一师毕业后，先在本校附小执教，不久，跟随老师到了上海，在一家古董玩器店帮工。其间，他多次帮店主到浦口、南京等地收购古玩器。有一次，毛泽东和要去法国勤工俭学的学生从北京去上

海，在浦口遇上了李中。当时毛泽东很拮据，还是得到李中的资助才到达上海的。

五四运动后不久，陈独秀从北京来到上海，李中多次到陈独秀所住的渔阳里二号拜访，不久就与其同住。到了1920年，李中在陈独秀的引导下，离开古玩商店进入江南造船厂，一面做钳工，一面从事工人运动。他不仅在该厂筹建机器工会，还发起组织“沪滨工读互助团”，在工人中很有声望。

随着马克思主义的广泛传播和陈独秀等人的酝酿发起，上海共产党发起组在1920年秋建立。李中与任弼时、罗亦农等人第一批就加入了社会主义青年团。不久，李中等又加入了共产党，成为中国共产党最早的一名“工人党员”。

文章说李中先加入社会主义青年团，后加入中国共产党，至于何时加入党组织，并未提及。但是，根据史料判断，在1920年8月上海建立早期党组织时，李中并未加入。其实，提出李中是第一位工人党员的观点的文章并不少，早在1988年4月29日，湖南双峰县党史办主任罗绍志在《人民日报》第5版发表了《我党第一个工人党员——李中》的文章，但文章引起了争议，孙向忠在《理论学刊》1990年第3期发表《究竟谁是我党的第一个工人党员？》的文章，表示不同意罗绍志的说法，认为武汉文华大学工友郑凯卿是中共第一个工人党员。尽管如此，后来宣传李中是第一的文章还是比较多，当然也有主张是郑凯卿的。但是，宣传李中的文章基本上对李中入党的时间并没有具体交代。根据史料判断，在1920年8月上海建立早期党组织时，李中并未加入。发表于《湖南第一师范学院学报》2017年第10期的论文《李中：中国共产党的第一个产业工人党员和工运领袖》则说得十分具体。论文指出：

李中是湖南省立第一师范学校的毕业生，于1921年初在上海参加了中国共产党的早期组织。为了发起成立中国共产党的第一个产业工人工会———上海机器工会，他自愿到江南造船厂做工。他是中国

> 共产党的第一个产业工人党员和第一个工人运动领袖，历史理应给他一个正确的定位。

作者指出了李中入党的具体时间——1921 年初，明确认同孙向忠的观点：“郑凯卿虽然入党的时间比李中早一个月，毕竟不是产业工人，因此笔者认定李中是中国共产党的第一个产业工人党员”。[①] 这个结论是严谨的，因为郑凯卿确实不是产业工人，但作者并未否定郑凯卿是中共第一位工人党员的观点。

郑凯卿

郑凯卿（1888—1966），湖北潜江人，生于武昌。少时曾作书童，后进文华大学作校工，1920 年 8 月加入党的早期组织时仍在文华大学工作，发展他入党的竟是鼎鼎大名的陈独秀，于是，他成为中国共产党第一位工人党员。

事情的经过是这样的，1920 年 2 月 4 日，陈独秀应文华大学之邀，来武汉讲学。文华大学当时是一所很有名的教会大学，思想开放、包容，他们非常欢迎这位新文化运动和五四运动的杰出领袖来校出席典礼并演讲。当天夜里，陈独秀下榻文华大学文学院。在 2 月 4 到 7 日的几天里，陈独秀接连在文华大学、国立武昌高师、汉口青年会、汉口堤下段保安会等地演讲，大受欢迎。在汉期间，照料陈独秀起居的正是郑凯卿。

在几天的相处中，郑凯卿听了陈独秀的演说，陈独秀也单独给他讲了一些道理，并要求他调查武汉工人的状况。陈独秀离开武汉后，郑凯卿组织文华大学的学生，对武昌织布局、纺纱局、铜币局、银币局、麻布局的工人状况进行了调查，写出《武昌五局工人状况》调查报告寄给陈独秀。陈独秀后来将该调查

① 曾长秋:《李中:中国共产党的第一个产业工人党员和工运领袖》,《湖南省立第一师范学院学报》2017 年第 10 期。

报告发表于《新青年》1920 年 9 月 1 日第八卷第一号上。

1920 年 8 月，陈独秀、李汉俊等在上海成立了中国共产党第一个早期党组织。在陈独秀指导下，8 月，董必武、陈潭秋等人在武汉建立中共早期组织——中国共产党武汉支部，参加者 7 人，郑凯卿就是其中之一，是武汉第一批党员。1921 年 7 月，中国共产党第一次全国代表大会在上海召开，当时全国有党员 58 人，其中，工人身份的有两人：湖北籍的郑凯卿与湖南籍的李中。

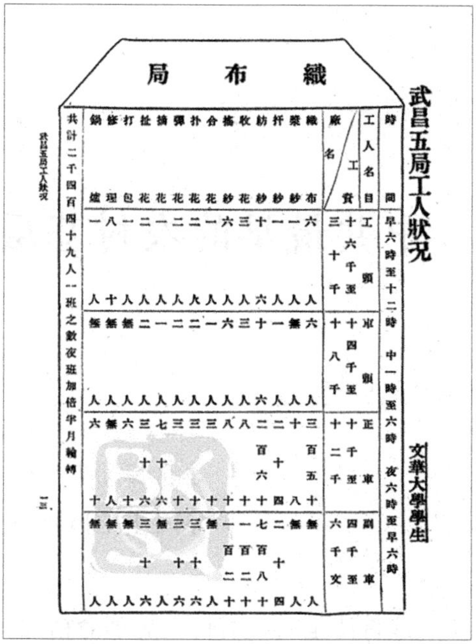

武昌五局工人狀況

文華大學學生

織布局

時間：早六時至十二時　中一時至六時　夜六時至早六時

工人名目	工資	織布	槳紗	扦紗	紡紗	收花	搖紗	合花	扑花	彈花	揀花	扯花	打包	修理	鍋爐
工頭	十六千至三十千	六人	一人	一人	十六人	三人	六人	一人	二人	二人	一人	二人	一人	八十	一人
車頭	十四千至十八千	六人	無人	一人	十六人	三人	六人	一人	二人	二人	一人	二人	無人	無人	無人
正車	十千至十二千	三百五十	十八	二十四	二百六十	八十	八十	三十	三十	三十	七十六	三十六	六十	無人	六十
副車	四千至六千文	無人	無人	二十四	七百八十	一百二十	一百二十	無人	三十六	三十六	無人	三十六	無人	無人	無人

共計二千四百四十九人一班之數夜班加倍半月輪轉

武昌五局工人狀況　一三

《武昌五局工人状况》（载于《新青年》）

郑凯卿入党后，一边跟董必武、陈潭秋等人学习文化知识，一边根据组织安排积极组织工人运动。他参与组织了汉口人力车夫大罢工、粤汉铁路工人罢工等早期工人运动。1922 年 7 月，中国第一个地方总工会组织——武汉工团联合会成立，郑凯卿任组织部秘书。

1923 年 2 月，郑凯卿参与组织了著名的京汉铁路工人大罢工，大罢工遭到直系军阀吴佩孚、萧耀南的血腥镇压。二七惨案后，为躲避军阀迫害，他潜回家乡避难，与党组织失去联系。1949 年新中国成立后，郑凯卿经组织安排在武昌大东门合作摊亭工作，1959 年退休，1966 年 11 月 15 日，病逝于潜江。

中共最早的农村基层党组织创立者肖人鹄

志愿挥戈为社稷，囚牢陷狱不投降。
个人生死抛身外，热血一腔洒洛阳。

这首诗是后人对肖人鹄革命精神与情操的赞美，展现的是为救国救民而奋不顾身的共产党人光辉形象。

在党的早期历史上，肖人鹄具有重要地位，他是最早的中共党员之一，并以中共最早的农村基层党组织创建者载入史册。他也是河南农民运动的先驱、鄂中起义的领导人。

肖人鹄（1898—1932），又名鸿举、仁谷、云鹄、鸿翥，湖北黄冈（今黄冈市黄州区）人。出身于贫苦的知识分子家庭。早年入私塾，1917 年考入中华大学附中。在中学时代，他受恽代英影响很大，与恽代英、林育南志趣相投，结下深厚的友谊。林育南 1915 年考入中华大学附中，恽代英 1918 年毕业于中华大学后，在附中任主任（校长）。在粮道街求学期间，肖人鹄关心国家前途命运，探索救国救民真理，积极参加五四爱国运动。“国家多事、强邻剑劈之秋，努力学习，挥戈为社稷。”① 这是肖人鹄后来在狱中写给弟弟信中对弟弟的期望和鼓励，也正是他自己求学期间树立伟大理想的写照。1917 年 10 月，恽代英在中华大学建立进步团体互助社，这是五四时期湖北最早的进步团体，在其影响下，武汉进步团体仁社、黄社、诚社、端风团、启明化学工业社等纷纷建立起来。肖

① 编写组:《中华英烈事迹读本（第二卷）》，新华出版社 2019 年版，第 78 页。

互助社部分成员合影（前排左五为肖人鹄）

人鹄积极加入互助社，与恽代英等人投身改造中国的社会实践。1920 年 2 月，恽代英联合各进步团体，建立利群书社。肖人鹄又积极加入，恽代英称赞他“云鹄至诚，可以动〔助〕人”。[①] 同年，肖人鹄中学毕业。1921 年 7 月 16 日，利群书社成员在黄冈县浚新小学建立共产主义性质的组织——共存社，肖人鹄也是主要成员，这就表明他已经完全抛弃了无政府主义，确立了马克思主义信仰。在得知中国共产党成立的消息后，恽代英主动解散共存社，共存社成员分别加入中国共产党组织。1921 年 9 月，肖人鹄加入中国共产党。

肖人鹄是中共最早的农村基层党组织创建者。1921 年 11 月，中共湖北党组织在黄冈县陈策楼、八斗湾建立党小组，肖人鹄、胡亮寅分别担任党小组组长。1922 年春，两个党小组发展为党支部，肖人鹄、胡亮寅分别担任党支部书记，这是全国最早的农村基层党支部，为农村革命奠定了深厚的基础，为北伐战争乃至土地革命提供了很好的条件，在党的革命历史上写下了浓墨重彩的一笔。

1924 年，肖人鹄考入黄埔军校第二期，并参加了东征，讨伐军阀陈炯明。1925 年 6 月，肖以国民党中央农民运动特派员身份被派往河南开展农民运动，曾任中共豫陕区党委委员、河南省农民协会主席和中共党团书记等职。1927 年

① 李良明、钟德涛主编：《恽代英年谱》，华中师范大学出版社 2006 年版，第 65 页。

3 月，任河南省农民自卫军临时执行委员会委员长和中华全国农民协会临时执行委员会执行委员。为配合北伐军向河南挺进，他领导豫东农民自卫团，成立国民革命军别动队，任军事指挥，连续攻克豫东平原杞县、睢县、陈留、通许等 4 座县城，取得了豫东农民武装起义的胜利。肖人鹄是公认的河南农民运动的先驱，受到中共北方区委书记李大钊的称赞。1927 年 6 月，肖人鹄回到湖北，任国民革命军第十一军第二十四师独立团参谋长。

肖人鹄是鄂中起义的领导人。大革命失败后，被调到中共中央军事部工作，不久任中共鄂中特委书记，到监利、沔阳、汉川一带发动农民武装暴动。在他的领导下，鄂中九县农民暴动打响。暴动后的农民武装组成中国工农革命军第五军，肖人鹄任军长，娄敏修任党代表。这是洪湖地区第一支革命队伍。肖人鹄为洪湖革命根据地的创建做出了重要贡献。

1928 年 9 月，肖人鹄调任中共河南省委军委书记，同年 12 月，被捕。在狱中，他坚贞不屈，经受严刑拷打，仍然坚持斗争，领导建立狱中党支部，任党支部书记。1932 年 2 月，由于其中国共产党党员身份被国民党反动派获知，被秘密杀害于洛阳。

“为众生而努力，为众生而牺牲”
——鹃血忠魂许白昊

我愿淌干眼泪，洗净大千世界，我愿洒尽碧血，参透昏瞶人生……应留有用的精神，为众生而努力，为众生而牺牲。

这悲壮激越的诗句出自革命烈士许白昊的光辉诗篇《鹃血》，今天读起来，我们仍然能感受到许白昊的强烈的家国情怀和不怕牺牲的革命精神。

许白昊的人生理想是在粮道街起航的。

许白昊

许白昊（1899—1928），原名许权明，谱名立峰，号纯卿，又用名白天、北浩、国君、许世光、许赤光等。湖北省应城县城南富水河畔杨湾（今应城市城中办事处国光村一组）人，农民家庭出身。许白昊八岁进私塾，接受传统教育，后进入应城县高等小学堂学习。

1917年，许白昊进入湖北省立甲种工业学校机械科。湖北省立甲种工业学校位于今粮道街区域内的昙华林，渊源于1898年湖广总督张之洞创建的湖北工艺学堂，是今天武汉科技大学的前身。在校期间，也是五四运动爆发、新文化运动兴起之时，在这个风云变幻、思潮汹涌的时代，许白昊接受了新思想，萌发了救国救民的理想，他在写给家人的信中表示“绝当做中国有用之人”，这是目前保存的唯一一封家书。在轰轰烈烈的五四运动中，他头角峥嵘，被湖北军阀当局驱逐出校。

1919 年秋，许白昊离汉东下，辗转至江、浙、沪一带，在上海、杭州等地做工，也曾就读上海中华职业学校。

1921 年 7 月，中国共产党成立。8 月，中共建立领导工人运动的机构——中国劳动组合书记部，主任是中共一大代表、中共早期主要领导人之一张国焘，除此之外，还有包惠僧、李震瀛、李启汉和许白昊的校友董锄平。中国劳动组合书记部成立不久，李启汉就介绍许白昊加入其中。

1920 年 11 月，上海机器工会成立，这是中共历史上的第一个工会组织，许白昊是这个工会的会员。中国劳动组合书记部在上海领导了六次罢工，并在北京、武汉、广州、长沙、济南等地建立了分部。在中国劳动组合书记部，许白昊不仅参加了革命实践，而且进一步提高了关于无产阶级革命的理论水平。

1922 年 1 月，在共产国际领导下，远东各国共产党和民族革命团体第一次代表大会在苏俄的莫斯科召开，中国共产党派代表张国焘、邓恩铭、王尽美、林育南、许白昊等人秘密赴会，许白昊是中国劳动组合书记部派出的代表。大会提出，在殖民地半殖民地国家，革命的第一步是民主革命，其次才是社会主义革命。这个理论对中国共产党探索革命提供了指导，是中共二大制定的民主革命纲领的直接理论来源。从俄罗斯回来后，1922 年春，许白昊加入中国共产党，成为中共一大之后、二大之前入党的党员。1922 年 7 月中共二大召开时，全国的党员也仅有 195 人。

1922 年 5 月 1 日至 6 日，第一次全国劳动大会在广州召开，这是中国共产党领导的、中国劳动组合书记部组织召开的会议。许白昊作为上海工人代表与会，并被推举为审查委员会委员，审查代表们提出的决议案。大会决定，在全国总工会成立以前，中国劳动组合书记部为全国工人组织的总通讯机关。这次大会的召开，为中国工会和工人运动的统一奠定了基础，推动了全国第一次工人运动高潮的发展。此后，许白昊连续参加了第二、三、四次全国劳动大会。第一次全国劳动大会结束后，许白昊又参加了 5 月 5 日在广州举行的中国社会主义青年团第一次全国代表大会。

在广州的两次会议结束后，许白昊回到武汉，从事工人运动。他在中国劳动组合书记部武汉分部工作，分部主任是林育南。他们组织发起武汉工团联合会，这是中共领导的第一个地方总工会。许白昊还以机械工人身份深入汉阳钢铁厂，领导工人罢工，获得胜利。7月，组建汉阳钢铁厂工会，被推举为委员长。此后，他与项英、林育南等早期工人运动领袖一起，建立各行业工会组织，把工人组织起来。同年10月，成立湖北全省工团联合会，主席杨德甫，副主席张虁，总干事陈天，许白昊任秘书科主任，项英任组织科主任，林育南任宣传科主任。联合会聘请施洋担任法律顾问，包惠僧为组织顾问，李汉俊为教育顾问。湖北全省工团联合会成立后，一方面，积极促进各企业建立工会，壮大工会队伍，到同年12月，参加省工团联的工会达27个，会员有48000余人；另一方面，积极介入各企业的罢工斗争，施以援手，促成胜利，其中包括1923年2月著名的京汉铁路大罢工。在一系列的罢工斗争中，许白昊显示了卓越的领导能力，深受工人爱戴。二七大罢工被北洋政府镇压后，工人运动处于低潮，许白昊遭到通缉，转入秘密斗争。

1922年7月，许白昊参加了中国共产党第二次全国代表大会，是参加会议的12名代表之一。

1924年春，中共中央决定撤销中共武汉区委，另组汉口与武昌地委。许白昊担任中共汉口地方执行委员会委员、秘书（即秘书长），委员长是包惠僧。汉口地委管辖江岸、徐家棚、汉阳三地。此前，许白昊是武汉区委秘书。包惠僧、许白昊等人着手恢复工会，领导工人开展罢工。在国共合作的背景下，许白昊以个人身份加入国民党。国民党汉口执行部成立后，许白昊又担任执行部组织部秘书。5月，被捕入狱。同年10月，冯玉祥发动北京政变，直系军阀控制的北京政府被推倒，以此为契机，中共党组织营救许白昊出狱。

就在许白昊被关押狱中时，中共湖北省第一次代表大会召开，大会成立湖北区执行委员会，他被选为执行委员、职工运动委员会书记。出狱后，他参与领导了汉口人力车夫、英美烟厂、英国电厂、火柴厂等工人罢工，为迎接国民革命军北伐，打下了良好的基础。许白昊在1925年的全国第二次劳动大会、1926年的全国第三次劳动大会上被选为全国总工会执行委员。1926年，任湖北总工会秘书长。

1927 年 4 月 12 日，蒋介石在上海发动反革命政变，背叛国民革命，而武汉的汪精卫也日趋右倾，革命形势急转直下。在关键的时刻，4 月 27 日，中共中央在武汉主持召开党的第五次全国代表大会，许白昊参加了会议，并被选为中央监察委员会委员。这是中共历史上第一次建立中央监察委员会——中央纪律检查委员会的前身。5 月 30 日，中共中央成立中央工委，许白昊、刘少奇、林育南、项英、苏兆征、李立三、王荷波等七人当选，这七人都是中共早期赫赫有名的工运领袖。

7 月 15 日，汪精卫在武汉发动反革命政变，许白昊遭到通缉，被组织安排到上海总工会工作，在白色恐怖中继续领导工人运动。由于叛徒出卖，1928 年 2 月 17 日，许白昊被捕。面对敌人严刑拷打，许白昊英勇不屈。6 月 6 日，与陈乔年、郑覆他被秘密杀害于上海龙华监狱。

许白昊是中国共产党卓越的工人运动领袖和湖北党组织卓越的领导人之一。

“横刀眉梢笑，忠贞掩昆仑”
——仗剑先驱蔡以忱

1927年4月27日，中国共产党第五次全国代表大会在武汉召开。这次大会一个重大创举，就是建立了中央监察委员会，即中央纪律检查委员会的前身。中央监察委员会由7名委员、3名候补委员组成。在这些成员中，有两位是湖北籍人士，并且这两位都出自粮道街——他们的人生理想奠基于此，后来都为伟大的共产主义事业奉献了年轻的生命。蔡以忱就是中共中央监察委员会10名委员之一。

蔡以忱

蔡以忱（1896—1928），又名一尘，学名滨，出生在湖北黄陂县一个农民家庭。自幼在私塾启蒙，后进入新式小学学习。1915年，进入湖北省立第一师范学校学习。该校位于都司湖畔原两湖书院旧址。

在湖北省立第一师范学校（简称一师）学习的五年中，蔡以忱经历新文化运动和五四运动的洗礼，他受恽代英的影响比较大，曾去恽代英建立的互助社考察。互助社位于粮道街的中华大学，建于1917年，是武汉第一个进步团体。借鉴互助社的经验，1918年，蔡以忱、吴德峰等一师进步学生成立了读书修身的团体“证人社”。董必武担任一师训育主任后，指导其改为“人社”，使其成为类似于互助社的进步团体。无论是恽代英还是董必武，他们的活动地点还是在粮道街，无论是五四运动还是进步团体，粮道街都是发源地，来自粮道街的董必武、刘子通、陈潭秋等人曾在粮道街区域外的学校任职，从事马克思主义宣传，指导青年学生成长，一批青年学子在他们的指导下走上革命道路。可以说，一师进步学生的成长是粮道街革命辐射的结果。

1919 年 12 月，蔡以忱毕业，在一师附小——私立武昌养正小学任教。1920 年，恽代英在武昌横街头建立利群书社，培养改造社会的人才，聚合了当时十多个进步团体的师生，包括互助社、人社成员，蔡以忱就是利群书社的成员。在此期间，蔡以忱逐步改变了对改良主义和空想社会主义的信仰。

1920 年秋，蔡以忱进入位于粮道街的中华大学，任文史教员，并主编教育刊物《江汉评论》。《江汉评论》比较保守，与宣传新思想的《武汉星期评论》对立。经过陈潭秋劝说和指导，蔡以忱转变了态度，辞去《江汉评论》主编，参与编辑《武汉星期评论》。在执教期间，他还积极参加董必武、恽代英等人组织的平民教育活动，在彭杨公祠等地开办平民夜校、识字班，为工人补习文化，向工人宣传马克思主义，他还组织学生深入农村，开展调查研究，宣传新思想、新风尚。在中华大学执教期间，蔡以忱完成了思想上的转变，他的伟大人生理想和革命激情——实现共产主义在粮道街点燃！ 1923 年 5 月，由董必武介绍加入中国共产党。

不久，受组织派遣，蔡以忱回黄陂建立党组织，开展农民运动。他还协助董必武在武汉中学、启黄中学、中华大学、省立一师等学校发展党员和团员，中华大学附中学生高理文就是蔡以忱介绍入党的。在学生运动和农民运动中，蔡以忱表现出卓越的领导才能。

1925 年春，受党组织指示，蔡以忱协助吴德峰在黄土坡建立崇实中学，这所革命的学校一方面为共产党人提供职业身份作掩护，另一方面培养从事工农运动的青年骨干。

在国共合作的背景下，1925 年 7 月 21 日，中共主导的国民党湖北省党部成立。蔡以忱、董必武、陈潭秋等共产党人和张国恩、郝绳祖等国民党左派当选为执行委员，董必武、张国恩等为常委，蔡以忱任农运部长。

1926年5月，蔡以忱当选为中共湖北地方执行委员会执行委员、组织部长，兼任武昌部委员会书记，陈潭秋任湖北地委书记，董必武任军委书记，许白昊任工委书记。

在武昌围城期间，为迎接北伐军攻城，蔡以忱等人做了大量的工作。

1927年3月，毛泽东主持开办武昌中央农民运动讲习所，蔡以忱担任兼职教员。6月，来自17省的第一期学员800余人毕业，走上了领导农民运动的道路，武昌中央农民运动讲习所为开展农民运动培养了大批人才，蔡以忱做出了贡献。与此同时，蔡以忱在中央军事政治学校任教，讲述世界各国革命史。

1927年4月27日，中国共产党第五次全国代表大会召开前，蔡以忱参加了会议的筹备工作。在这次会议上，蔡以忱被选为中央监察委员会委员。

同年5月，中共湖北区委改组为湖北省委，张太雷任省委书记，陈潭秋任组织部长，蔡以忱任农民部长。省委机关由武昌搬迁至汉口尚德里，不久迁到武昌粮道街。

1927年7月15日，继蒋介石四一二反革命政变后，汪精卫在武汉发动七一五反革命政变，至此大革命失败。在白色恐怖中，蔡以忱担任湖南安源市委书记，他在安源组织自卫军，积极准备秋收暴动。9月9日，秋收起义爆发，蔡以忱担任第二团党代表，攻打萍乡、醴陵、浏阳等地。浏阳兵败后，转战湘西。在湘西期间，蔡以忱先后任中共湖南省委秘书长、湘西特委组织委员、石门县委书记等职。

1928年10月25日，因叛徒出卖，蔡以忱在湖南澧县被捕，不久，英勇牺牲，年仅30岁。

“申鸣大义臣，仗剑扫烟尘；横刀眉梢笑，忠贞掩昆仑。”这是蔡以忱的绝笔诗。

据调查研究，首届中央监察委员会10名委员忠诚党的事业，没有一个人叛党，其中包括蔡以忱、许白昊在内的8位为共产主义献出了宝贵的生命。

旅鄂进步川人的聚集地——武昌四川会馆

会馆起源于明代，是旅居外省的本省同乡，或者旅居本省其他城市的同乡在旅居城市建立的同乡或同业的团体，属于社团组织，主要为同乡提供考学、工商活动、住宿服务，甚至为长期寄居外地者及其子女提供受教育的场所，即开办私塾以及后来的新式学校。晚清和民国时期，由于近代工商业、新式教育的发展，人口流动频繁，会馆数量增长较快。民国时期，武昌就有四川会馆、湖南会馆、浙江会馆、江西会馆、两广会馆、祁阳会馆等，其中，清末，在粮道街区域就有四川会馆、浙江会馆、阳新会馆等，四川会馆位于育婴堂街，浙江会馆位于鼓架坡，阳新会馆位于抚院街。四川会馆是一个有故事的地方，它见证了近代武昌风云变幻的历史变迁。

四川会馆建于何时还有待考证。1906 年，旅居湖北的四川人在四川会馆建立了一所学校——四川旅鄂学堂。四川旅鄂学堂虽名为学堂，实际上是私塾，辛亥革命前，分为高低两班，主要接收旅居湖北的四川人入学。后来，随着西学进一步为国人所接受，特别是新式学校大量涌现，四川旅鄂学堂开始教授算学、图画、体操、唱歌等西学课程，演变为新式学校，是一所中等文化程度的学校。

民国时期，四川军阀派系较多，相互征伐，战乱频仍，民不聊生。旅居武汉的四川人关心桑梓，他们聚集会馆，举行一些活动。1917 年 7 月 22 日《时报》报道说，四川军阀刘存厚所部攻入成都，成都再遭兵燹。19 日，旅居武汉的 200 余川人集会于此，决定致电北洋政府，要求惩戒刘存厚，救川人于水火。

大革命前后，四川不少青年学生来武汉求学。武汉是中国革命的中心之一，1926 年 10 月，北伐军攻入武汉后，武汉成为国民政府所在地，来此地投奔革命的青年更多。1923 年加入中国共产主义青年团的进步青年张晓飞就在武昌高等师范学校读书，他来自四川邻水县。经他介绍，同乡叶荫昌也进入中华大学附中学习。中华大学与附中近在咫尺。有着相同经历的邻水同乡有五六十人，他们以四川会馆为聚集点，一起求学，一起探索救国途径，从事进步活动。他们还成立了四川旅鄂学会，1926 年 4 月 30 日，创办了《四川旅鄂学生》。该刊宣传反帝反封建思想，其通讯处就在四川会馆。6 月 11 日，四川旅鄂学会还积极参加武昌各界在教职员联合会举行的“汉口死难同胞周年纪念追悼大会”和在武昌各处的演讲，抗议去年英国租界军警枪杀汉口工人和市民的暴行，要求当局继续与英国进行严正交涉。10 月，北伐军攻入武昌后，四川旅鄂学会举行了欢迎北伐军中四川同乡的活动，受到欢迎的就有国民革命军总政治部副主任郭沫若。

在粮道街浓郁的革命氛围中，旅鄂四川青年学子迅速成长起来，1925 年，叶荫昌加入中国共产党，他在中华大学附中的同学倪佑之也积极投身于大革命的洪流中。1926 年，叶荫昌被组织派到武昌中央农民运动讲习所学习，担任区队长。毕业后，加入叶挺独立团。在北伐过程中，叶挺独立团担任先遣队，英勇善战，有“铁军”之称。叶荫昌也先后晋升为排长、连长。1927 年 8 月，叶荫昌参加南昌起义，率领敢死队，冲锋陷阵，不幸阵亡。

开国大将罗瑞卿在四川会馆还有一段传奇经历，渡过了人生中的生死劫。1927 年，罗瑞卿在武汉中央军事政治学校学习，5 月，长沙马日事变发生，反动武装力量夏斗寅部向湖北进发，军校学生编入中央警卫师，在叶挺率领下，攻打夏斗寅部。胜利后回师武汉，部队改编为国民革命军第二方面军教导师。7 月底，开展东征，讨伐蒋介石，抵达黄石时，南昌起义已经爆发。8 月初，部队进入九江，被军阀张发奎缴械。由于生病，罗瑞卿离开部队，回到武昌，住在四川会馆背后一家小旅馆，罗瑞卿是四川南充人。罗瑞卿随即到昙华林的仁济医院看病，此时，他在经济上十分困难。在医院住下一个月，病情没有缓解。由于缺钱，医院不肯再治疗，他被赶出医院，只得回到小旅馆。房间阴暗潮湿，没有床铺，只得睡在一块木板子上，差点病饿而死，甚至一度想到自杀，幸亏四川会馆一位看管房子的熊姓男子动了恻隐之心，施舍稀粥，他才逃过死神的魔爪。1927 年底，在中共地下党员帮助下，罗瑞卿离开了武汉。[①]

罗瑞卿离开白色恐怖的武汉后，四川会馆于 1928 年 3 月 9 日被查封了。北京《益世报》3 月 11 日报道说，被查封的理由是“屡发现共党”。此前，国民党特务就盯上了此地。1927 年 5 月 8 日，国民党武昌市党部第十次执委会就通过了派警察搜查四川会馆的决议。被查封后，共产党还在此地从事革命活动。1928 年 3 月 14 日，《时事新报》的新闻《武汉捕获大批共犯》就报道说在四川会馆捕获了共产党人。这说明，四川会馆就是共产党的秘密机关。罗瑞卿在此地也是相当危险的。就在国民党的白色恐怖中，1928 年，罗瑞卿毅然加入中国共产党。

全国解放后，罗瑞卿的女儿罗点点曾委托武汉市公安局寻找父亲的救命恩人，可惜，没有找到。中华人民共和国成立初期，罗点点亲自来探访四川会馆，可惜，会馆建筑已经荡然无存，遗址上建立起居民区。

① 点点著：《非凡的年代：我的父亲罗瑞卿》，上海文艺出版社 1997 年出版，第 29 ~ 32 页。

恩施新民主主义革命的摇篮

恩施革命的火种是恩施进步学子播撒的，其火种来自武昌粮道街。

1922 年秋，恩施、建始、咸丰、宣恩、来凤、鹤峰、利川等鄂西七县留省学生聚会于武昌粮道街沱泥湾 9 号的施鹤公议会，组织成立进步团体——施鹤留省学会，对外宣称“施鹤留省学生同乡会”。学会以“指导民众、改革桑梓为重任”，[①] 从事指导家乡反帝反封的革命活动。建始学子聂维尧、张光杰、黄开沿，来凤学子张昌岐，恩施学子朱光钦、胡楚藩等人是组织者，他们的活动受到了董必武、陈潭秋的指导。1925 年，施鹤留省学会成立恩施、建始、利川、来（凤）宣（恩）4 个分会，其中，恩施分会由朱光钦、徐伯坚（徐介如）负责，成员就有廖生明（廖平瑞）、谭大荣、徐东绪、陈庚宪等 20 余人。来凤分会设在粮道街的吴宝矩家中（吴宝矩是来凤人），主要成员有胡楚藩、刘岳生、杨维藩等人，他们创办《桐圃月刊》，宣传革命思想。建始在武汉求学和谋事的进步青年 35 人，在共产党员聂维尧、张光杰等的倡导下，成立建始县留省学会（亦称建始留省同乡会），选举聂维尧为评议部主任、张光杰为办事部会计、黄开沿为办事部庶务。建始县留省学会于 1926 年元旦创办《会刊》，宣传革命思想，在武汉与建始县范围内发行。这是建始县创办最早的进步刊物。

在武汉的这些进步学子后来都加入中国共产党，施鹤留省学会的创建者张昌岐于 1925 年加入中国共产党，同年，胡楚潘、聂维尧、张光杰、陈树廉、徐锡

---

① 中共恩施州委党史研究室著：《中共恩施简史（1921—2000）》，中央文献出版社 2001 年版，第 11 页。

如等也先后入党，1926 年，朱光钦、黄开沿入党。

施鹤留省学会学生在寒暑假期间，组织演讲团，演讲今日中国大事及历年国耻，动员民众起来参加反对帝国主义、封建军阀、土豪劣绅、贪官污吏、种植吸食鸦片、妇女包脚等斗争运动，监督政府改革教育，在家乡播下了革命的火种。于是，施鹤留省学会成为中共湖北党组织联系施鹤地方的纽带。

施鹤留省学会学生回乡从事革命，建立中共地方党组织。张昌岐是来凤党组织创始人，1926 年，他领导建立了中国共产党来凤县支部。聂维尧是建始党组织创始人之一，1927 年，聂维尧等人秘密成立了中国共产党建始县支部，有党员 7 名，聂维祯任书记。聂维祯不是参加施鹤留省学会成员，但来自粮道街，毕业于湖北省立第一中学。同年，建立中国共产党铜鼓包支部，聂维尧任书记。铜鼓包跨湖北建始与四川巫山两县，对巫山革命运动产生了重要影响。

在大革命中，施鹤留省学会成员做出了巨大贡献。如张昌岐在来凤县发动农民运动，建立农民自卫队。1926 年 10 月，他发动武装暴动，策应北伐军。他们攻占县城，建立农民协会。朱光钦 1925 年被党组织派回家乡，从事学生运动。1926 年再赴武汉读书，加入党组织，后再次被党组织派回家乡，从事农民运动、学生运动，参与组建恩施国民党党部。聂维祯、聂维尧在建始建立国民党党部，成立农民协会，开展农民运动。

施鹤留省学会成员中不少人为中国新民主主义革命献出了宝贵的生命。1927 年，国民党反动派背叛革命，发动反革命政变，革命处于低潮。面对来凤反动势力的猖狂反扑，张昌岐带领农民自卫军顽强抵抗，终因寡不敌众而失败。8 月，被捕，不久英勇就义。大革命失败后，朱光钦被派往沙市从事革命，不幸被捕，1928 年 5 月，英勇就义，与他一起牺牲的还有前述建始人张光杰。1931 年 8 月，聂维尧从武汉赴山东，从事革命，途经上海时遇难。大革命失败后，黄开沿继任中共建始城关支部书记，1928 年，积极准备武装起义，事泄被捕，壮烈牺牲。

粮道街红色沃土培育的恩施进步知识分子是恩施革命的火种，他们身上体现的革命理想、革命品质、革命精神是恩施也是粮道街一笔丰厚的宝贵财富，生动地诠释了粮道街精神。张昌岐在革命最艰难时期写的《题壁诗》映照的就是这种精神：

纵教热血千秋碧，
怎令雄心一日灰。
取义成仁吾辈事，
有何恩怨费猜疑？

来自粮道街的中共咸宁党组织创始人聂洪钧

在湖北各地党组织创建中，来自粮道街的先进知识分子发挥了重要作用，咸宁党组织创建者聂洪钧就出自粮道街的湖北省立甲种工业学校。

聂洪钧

聂洪钧（1905—1966），湖北省咸宁县（今咸宁市）人。出身于农民家庭。因家境贫寒，10岁始入私塾，1919年就读于咸宁县立高等小学，1922年考入湖北省立甲种工业学校。

在湖北省立甲种工业学校求学期间，聂洪钧确立了自己的人生信仰。入校前后正是近代中国思想界空前活跃的时期，各种思潮纷至沓来，各种主义风云激荡。聂洪钧目光如炬，敏锐地捕捉时代的新气息。以救国为职志的聂洪钧，面对五光十色的思潮，也困惑不解。他进行着比较，也向人求教。1924年，他写信给早期马克思主义理论家、教育家杨贤江，询问“共产主义、工团主义、无政府主义”的优劣，并希望他介绍加入其中一个组织。杨贤江在回信中，批判了工团主义和无政府主义的错误，指出共产主义就是马克思主义，是科学的社会主义，是人类解放的唯一道路。杨贤江虽然无法介绍他加入党组织，但指导他订阅《新青年》《向导》《中国青年》等进步书刊。通过学习、比较，“从此，我信仰了共产主义，并且决心加入它，准备为它斗争”。[①] 聂洪钧在回忆

① 聂洪钧著:《聂洪钧回忆与文稿》，中央党史出版社2005年版，第5页。

录中说。

他还向恽代英寻求帮助，写信要求介绍他加入中国共产党。聂洪钧正是从《中国青年》杂志上找到恽代英的联系方式的。恽代英是武汉五四运动的领导人，是早期马克思主义者，此时在外地，他回信说，自己无法介绍，加入党组织只能由当地的党组织来介绍，他建议聂洪钧积极参加群众运动，因为党组织会在群众运动中发现先进分子。

在他们的指导下，一方面，聂洪钧认真阅读宣传科学社会主义理论的书刊，如饥似渴地学习马克思主义理论，提高了马克思主义理论水平和思想觉悟。另一方面，聂洪钧也积极投身于群众运动中。在粮道街读书期间，正是北洋军阀统治时期。他密切关注时事，思考国家前途。他目睹北洋军阀血腥镇压二七大罢工的暴行，也感受到工人阶级的伟大力量，决心投身革命。他积极参加反对封建军阀的活动，受到武汉党组织的关注。1924 年 12 月，他与中共武汉党组织取得了联系。

1925 年 3 月，受党组织的委派，他与同学帅云山等在武昌粮道街的昙华林一带的学生和居民中发展国民党党员。此时，共产党员以个人身份加入国民党，实行党内合作，以国共合作为核心的统一战线建立起来，推动了国民革命的开展。在湖北地区，董必武领导建立了国民党湖北省党部和各级党组织。昙华林地区学校众多，学生思想活跃，参与革命的热情高涨，因此，省国民党党部决定在此地建立区分部，湖北省立甲种工业学校就在此处，追求进步的学生很多。聂洪钧、帅云山等在湖北省立甲种工业学校、湖北省立第一中学校、湖北省立女子职业学校、文华中学等发展了 10 多名国民党党员。6 月，国民党武昌昙华林区分部在湖北省立甲种工业学校召开成立大会，时任中共湖北区委组织部长兼国民党湖北省党部组织部长的陈潭秋到会讲话。聂洪钧的同学、中华人民共和国成立后任湖北省民革副主委的杨春波回忆道："高级工业学校（注：指湖北省立甲种工业学校）先后成立了地下国民党区分部，由于国共合作，共产党员帅云山（天门人）、聂洪钧（咸宁人，解放初曾任湖北省人民政府副主席）掌握国民党区分部的领导权，还成立了学生会，我参加了国民党和学生会两种组织，开始从事民主政治活动。”[①]

在校期间，聂洪钧还参与领导了1925年5月的五七国耻纪念日的学生运动。在进行纪念活动的准备工作时，杨春波在学校印刷室印制传单，被该校日本籍教师北冈善治发现，北冈善治竟然损毁用来印制传单的石板，破坏中国学生的爱国活动，由此引发了全市范围学生的罢课、游行，爱国学生包围湖北省教育厅，迫使其解聘北冈善治。在此次爱国运动中，聂洪钧是组织者之一。

7月，聂洪钧加入中国共产主义青年团，不久，共青团武汉地委决定派聂洪钧到广州农民运动讲习所学习。同年10月，由中共早期著名的农民运动领袖澎湃介绍，转为中国共产党党员，并担任党小组组长。年底回湖北，担任湖北省农民协会秘书长兼组织部长，湖北省农民协会在党内称为农民运动委员会，委员会书记是陈潭秋的弟弟陈荫林。1926年3月，聂洪钧被捕。

1926年7月，经董必武等人的营救，聂洪钧出狱，被党组织安排回到咸宁开展农民运动，他的身份是省农民协会派驻鄂南特派员。咸宁是他的家乡，此时既无共产党组织，也无国民党组织，境内反动军阀陆云的部队驻扎在从县城到汀泗桥一线，革命的基础和条件都比较薄弱。聂洪钧联系一些青年知识分子和过去的朋友曹振常、雷子林、钱道厚等，向其灌输革命道理，讲解革命形势。他以农民长久不满的麻捐为突破口，开展农民运动。麻捐是当地征收的一种税收，用于县议会议员开支，主要支付吃喝费用，议会议员多为当地豪绅。聂洪钧把农民发动起来，组织农民千余人去县议会请愿，选派代表与县议会谈判，迫使县议会同意减税。反麻捐斗争的胜利，鼓舞了农民的斗志，调动了农民参与大革命的积极性，咸宁农民协会小组在各地逐渐建立起来，工人中也建立起工会小组。聂洪钧在咸宁建立中国共产主义青年团组织和中国共产党组织，并任中国共产党咸宁特别支部书记。

在土地革命战争时期，他辗转上海、湖北、河南、江西、陕西等地，从事革命工作，先后担任鄂北特委书记，闽浙赣省委组织部长、红十军政委和闽浙赣军区政治委员，西北军委主席、中央军委西北办事处副主任、苏维埃西北办事

① 杨春波:《八十忆往》，中国人民政治协商会议汉阳县委员会文史资料研究委员会:《汉阳县文史资料》第3辑，1988年编印，第136页。

处内务部副部长等职。

抗日战争时期，他转战陕北、华中等地，曾任中共湖南省委副书记兼组织部长、军事部长等职。1945 年，聂洪钧南下，任湘鄂赣边区党委宣传部部长兼行署主任。

解放战争时期，聂洪钧南征北战，参与鄂东区边区建设，参加东北革命根据地建设，曾任鄂东军分区政委、东北人民政府粮食总局局长等职。1949 年，聂洪钧调任湖北，任湖北省委常委、省人民政府第一副主席，主席是李先念。自 1953 年起，聂洪钧担任过中南财经委员会副主任兼粮食局局长、国家粮食部副部长等职务。

在充满艰辛的人生旅途中，聂洪钧坚忍不拔，勇往直前。他的父亲、妻子、伯父母因受牵连而被国民党迫害致死。长期的戎马生涯、繁重的革命任务、恶劣的生活条件，使他积劳成疾，在革命战争时期，他数次病倒。1966 年，聂洪钧因病去世。

出自粮道街的中共著名军事家郑位三

郑位三

出自粮道街的军事人才不少，陈昌浩、徐会之、李之龙、伍修全、丁炳权、刘家麒等，郑位三就是其中一位。

郑位三（1902—1975），原名郑植槐，湖北省黄安县（今红安县）七里坪人，无产阶级革命家、忠诚的共产主义战士，鄂豫皖根据地的主要创始人之一、新四军第二师、第五师及中原军区的主要领导人之一。

郑位三与粮道街辖区内的湖北省立甲种工业学校有着不解之缘，他的名字“郑位三”就是在该校取的。1918 年，郑植槐从湖北省黄安县来到省城武昌，报考湖北省立甲种工业学校，因考试成绩优异，位列第三，故改名郑位三。在校期间，正是五四运动、马克思主义传播、中国共产党成立等影响中国近代历史的重大事件发生之时。作为九省通衢的湖北省城，武昌自近代以来一直都处在湖北乃至全国政治风暴的中心，而学校所在地粮道街，则是湖北新民主主义革命的发源地：湖北五四运动从这里掀起，湖北社会主义青年团在这里创建，湖北最早的一批早期马克思主义者董必武、陈潭秋、恽代英、施洋、黄负生、项英等都曾在这里生活、工作，从事马克思主义宣传和党组织的建立，附近的横街设有进步团体利群书社和大量书店、书摊，销售或借阅马克思主义和各种进步书刊。这样的环境无疑影响着县华林地区学子的成长。进步青年郑南宣曾协助恽代英管理利群书社，将马克思主义书刊借给青年学子阅读，引导其信仰马克思主义。郑位三就经常去利群书社借书阅读，他借阅的《共产党宣言》就是郑南宣亲手给他的。

早在五四运动时期，作为学生的郑位三，就积极投身于武汉各界人民反帝反封建的爱国斗争，在从事进步的政治运动中逐步成长，逐步确立自己的人生理想。武昌粮道街就是他成长的地方。1922 年，郑位三毕业，1925 年，加入中国共产党。中华人民共和国成立后，郑位三说："《共产党宣言》那是我第一次读到的革命理论书，可以说我的革命生涯正是从那里起步。"①

在第一次国共合作时期，郑位三历任国民党黄安县党部常务委员（国共合作时期，共产党以个人身份加入国民党）、黄安县农民常务委员、黄安县总工会委员、中共黄安县委委员，他积极组织黄安县的农民运动，领导反对土豪劣绅的斗争。

1927 年，大革命失败后，黄安县的革命处于低潮，中共黄安县委仅仅只剩下郑位三一人。在白色恐怖中，郑位三重建黄安县党的组织，并代理县委书记。9 月中旬，他领导打响了九月暴动的第一枪，揭开了黄麻起义的序幕。11 月，黄麻起义爆发。1930 年 6 月，中共鄂豫皖特委在黄安县七里坪，召开了鄂豫皖边区第一次工农兵代表大会，正式成立了鄂豫皖特区苏维埃政府。郑位三先后担任中共鄂豫皖特委委员、鄂豫皖特区苏维埃政府内务部长、财政经济委员会主席和代理特区苏维埃政府人民委员会委员长等职务。1932 年 10 月，在红四方面军撤离鄂豫皖苏区之后，郑位三任鄂豫皖省苏维埃政府主席，兼任中共鄂东北道委书记和游击总司令，挑起了领导鄂东北地区革命的重担。他领导成立红二十五军，在鄂东地区坚持游击战争。

1934 年 9 月，红二十五军离开鄂豫皖革命根据地，实行战略转移。郑位三担任红二十五军政治部主任，于同年 11 月开始长征，12 月上旬到达陕南。12 月中旬，中共中央决定将鄂豫皖省委改为鄂豫陕省委，郑位三仍担任省委常委。红二十五军主力继续西进甘肃，北上陕北。郑位三、陈先瑞留在陕南继续坚持

① 楚奇：《记五四老人郑南宣》，《武汉文史资料》2000 年第 5 期。

游击战争和创建新的根据地。郑位三担任鄂豫陕特委书记，陈先瑞为红七十四师师长。

1937 年七七事变爆发后，中国进入全面抗日战争阶段。受中共中央派遣，郑位三从延安赴鄂豫皖根据地，领导根据地的抗日活动。郑位三改编红二十八军为新四军第四支队。1938 年 6 月，中共湖北省委成立，郑位三任副书记。湖北省委下设鄂东、鄂南、鄂中特委和鄂西、鄂北中心县委。郑位三兼任鄂东特委书记。

1938 年 11 月，中共六届六中全会决定成立中原局，负责长江以北的河南、湖北、安徽、江苏地区党的工作，郑位三是中原局领导人之一，他与刘少奇、朱瑞、朱理治、彭雪枫任中原局委员，刘少奇任书记。中原局撤销了湖北、河南省委，另行组建豫鄂、鄂豫皖、鄂中、鄂西北等区委，郑位三兼任鄂豫皖区党委书记。

1939 年，中共中央指示新四军："向南巩固，向东进攻，向北发展"，根据指示，新四军成立江北指挥部（后改组为皖东军政委员会），郑位三任指挥部领导小组成员（另外四位是刘少奇、张云逸、徐海东、邓子恢），并兼任新四军第四支队政委。1940 年，郑位三领导建立淮南根据地，这是中共在华中敌后建立的第一个抗日民主根据地。

1941 年皖南事变后，新四军军部在江苏盐城重建，陈毅为代理军长，刘少奇任政委，下辖七个师，其中，江北的第四、五支队合编为第二师，师长为张云逸，郑位三任政委。在郑位三、张云逸领导下，淮南根据地不断发展壮大。

1943 年，作为华中局代表，郑位三被派往鄂豫边区，指导边区抗日工作，在他与李先念等人的领导下，边区得到很快的发展，到 1945 年，新四军第五师有 5 万人，民兵达 30 万人。

1945 年 6 月，在中国共产党第七次全国代表大会上，郑位三被选为中国共产党中央委员会委员。

1945 年 10 月，按照党中央的指示，新五师野战纵队、三五九旅南下支队、嵩岳军区部队及冀鲁豫军区水东八团在桐柏山区胜利会师。10 月 30 日，成立了中共中央中原局和中原军区，郑位三任中原局代理书记兼中原军区政治委员，李先念任军区司令员，王树声任副司令员，王震任副司令员兼参谋长，王首道任副政治委员兼政治部主任，下辖河南、江汉、鄂东军区和 2 个纵队，主要活动于桐柏山、大洪山、大悟山地区。

1946 年，国民党悍然发动内战，首先进攻我中原解放区。按照中央的决定郑位三与李先念等人指挥中原突围。从 6 月 26 日至 7 月 31 日，中原军区各路突围部队先后实现了战略转移。

1949 年 9 月，郑位三出席了中国人民政治协商会议第一次全体会议。中华人民共和国成立后，郑位三曾当选为中国共产党第八届中央委员和中国人民政治协商会议第二届、第三届、第四届常务委员会委员。由于身体抱恙，郑位三基本上没有从事具体的工作。

来自粮道街的民国传奇人物——徐会之

徐会之

在中国近现代史上，徐会之绝对是一个富有传奇色彩的人物，其身份扑朔迷离，其表现引起争议，1951 年，他赴台后不久就被蒋介石下令处决，其人生经历更是被蒙上了一层神秘的色彩。这位传奇人物来自粮道街。

徐会之（1901—1951），原名徐亨，湖北省黄冈县（今团风县）人。关于徐会之的生年，现有著述有 1900 年、1901 年、1902 年三种说法，其实，徐会之出生于 1901 年，1948 年出版的《汉口市政府职员录》记载了他的履历：年龄一栏填写的是 48 岁，所以，徐会之是 1901 年生人。

徐会之出身于耕读之家，其父早亡，幼时就学于私塾，后在黄州就读新式小学、中学，1919 年，考入湖北省立甲种工业学校（今武汉科技大学前身），再入中法高等学校。1924 年，考入黄埔军校第一期，编入入伍生一队，同期一队的同学有共产党员出身的徐向前、蒋先云和国民党员出身的贺衷寒、宋希濂等。有史料说，这一年，徐会之秘密加入中国共产党。但有的史书持保留态度，不做交代。真实的情况是，他秘密加入了中国共产党。

在第一国共合作时期，徐会之加入国民党，黄埔军校期间加入中国青年军人联合会。从黄埔军校毕业后，徐会之任黄埔军校教导团连队党代表。国民革命军第一军成立时，任第一军第一师第一团第一连党代表。1926 年，蒋介石强令解散中国青年军人联合会，迫使共产党撤出第一军和黄埔军校。此时，徐会之到北京、天津活动。北伐开始后，徐会之奉命南下，先后任十五军党务科长、第二师政治部主任。

1927 年，蒋介石叛变革命后，国民党实行白色恐怖，中共组织遭到破坏，徐会之与党组织失去联系，但他仍然积极投身于反对国民党反动统治的斗争中，参加了国民党著名左派领袖邓演达建立的黄埔革命同学会。1929 年，该会成立于上海，与蒋介石建立的黄埔同学会相对立，从事反对蒋介石统治的革命活动。徐会之、余洒度、陈烈、黄雍等人参加了筹备工作，是该会的中坚力量。徐会之还在天津组织了黄埔革命同学会华北分会，担任会长。他在天津举行记者招待会，揭露蒋介石背叛革命的行径。蒋介石对黄埔革命同学会的活动极度恼怒，派特务进行破坏。1931 年 8 月，国民党特务抓捕了邓演达、徐会之等 20 余人，后来，邓演达惨遭杀害。

邓演达被害之后，黄埔革命同学会瓦解，对蒋介石来说，徐会之等人已不足为虑，与其严惩，不如羁縻之，因此，蒋介石对徐会之等该会中的一些成员采取了笼络政策，徐会之被重新启用，抗战结束时，甚至官至汉口市长乃至汉口特别市长，是举足轻重的地方大员。1945 年 9 月，徐会之担任汉口市长，此时汉口为普通市，属于湖北省管辖。1947 年 8 月，国民政府行政院决定，汉口市改为特别市，受中央政府直接管辖。徐会之任市长，直到 1949 年初。

对徐会之在汉口市长任上的表现，在现有著述中有两种截然不同的观点。

一种观点认为，徐会之在汉口市长任内“毫无建树，在政治活动方面，却有他的一套”。言外之意，徐会之是一个政客。甚至，有人认为，徐会之大发横财，十分贪腐。但是，1948 年出版的《中国当代名人传》则有不同的说法：“对于汉市治安教育卫生财粮民政社会救济组织各大端，接收整理，不期月间咸复常轨，人不能见其赫赫之迹，盖其才有过人者”。[1] 当今，有学者认为，“1945 年 8 月武汉收复后，时任汉口特别市市长徐会之广邀商贾，力争恢复城市秩序和

① 傅润华主编：《中国当代名人传》，世界文化服务社 1948 年版，第 133 页。

经济，这成为国民党‘劫受大员’中的罕见个例”。[①] 实际上，在国民党政府的大接收中，出现了普遍的贪腐，在徐会之治下的汉口市出现贪腐也不足为奇，但那不等于是徐会之本人的贪腐，况且，关于他贪腐的证据的确也不足。实际上，在特殊时期——抗日后的接收中，徐会之的特殊身份——国民党高官很容易让人得出贪腐的结论。

学者认为，徐会之是有作为的市长。抗战胜利后，“汉口的执政者希望能重建汉口，再现往日汉口的辉煌。汉口制订了一系列重建计划、振兴设想，市政当局欲有所作为。在武汉现代开放史中，在现代城市规划建设方面，当时任汉口市市长的徐会之不得不提及……在处理了战后日本德国侨民遣返、对敌伪资产清理接收等繁杂事务后，徐会之及汉口市政当局的目光聚集到战后汉口重建上，对汉口市政建设提出了为数不少的建议、议案、设想。这些方案规划受历史环境制约不可能实现，但这并不影响有关汉口市政建设的构想在现代武汉城市发展史上应占有的地位”。[②]

1950 年 3 月，徐会之到台湾，不久，被台湾国民党当局逮捕，国民党有关部门最初的意见是判处其有期徒刑 15 年，但蒋介石却下令立即处决。1951 年 11 月，徐会之被秘密杀害。徐会之被杀后，国共双方均三缄其口。徐会之赴台的目的何在？他的身份是什么？在很长一段时间内，这一段经历扑朔迷离。因为此事较为复杂，真相长期不明，所以，不少著述态度较为审慎，基本上不做交代。近些年才有披露。有观点认为，徐会之是中共“卧底”，负有重要的特殊使命：“中共党组织考虑到徐会之在敌营中身份特殊，地位较高，人事关系较多，决定派他到台湾从事策反及情报收集工作。”[③] 徐会之之子刘凡先生说：父亲“在董必武同志的推荐下，于 1924 年考入黄埔军校第一期，同年加入中国共产党，从此踏上革命道路，为祖国的统一和解放浴血奋战、英勇献身”。[④] 国民党高级

---

① 唐惠虎、朱英主编：《武汉近代新闻史》，武汉出版社 2012 年版，第 8 页。

② 殷增涛主编：《武汉对外开放史》，武汉出版社 2005 年版，第 543 页。

③ 童怀吉：《“厚道市长”徐会之治理汉口特别市》，《湖北档案》2014 年第 2 期。

④ 刘凡：《永远的怀念》，易大安主编：《团风名人故里行》，湖北科学技术出版社 2016 年版，第 289 页。

将领滕杰曾披露说："有一位军校第一期学生徐会之，他在广州即是参与打游击计划的重要分子之一。这个人非但是军校同学，而且抗战时期当过军委会政治部第二厅厅长，我当厅长的前任就是他。他这种出身和经历，当然使我们深信不疑。可是，我们从广州撤回台湾，徐会之竟然没有同来，这在兵荒马乱之间，我们也不太注意。过了半年，他突然来台北了，住在一家旅馆里，和谁都不接触，只找彭孟缉。那时彭孟缉当台湾保安司令，位置非常重要。他找彭孟缉做什么呢？原来是奉共党之命，要求彭孟缉投共！彭孟缉是何等忠贞的人，当然把他抓起来，一经审问确实，就把他枪毙了。"① 彭孟缉是彭晟长子，顽固地坚持反共立场。彭晟毕业于湖北中等工业学堂，读书期间就参加辛亥革命，解放战争后期，随其长子赴台。1985 年，徐会之共产党员的身份得到确认。当年，国家民政部、安全部经过审查，追认徐会之为革命烈士。1996 年，徐会之遗骸被运回大陆，分别埋葬于北京八宝山革命公墓和武汉九峰山烈士陵园，徐会之故乡团风县建立了徐会之研究会。

---

① 滕杰口述、劳政武编：《从抗日到反独：滕杰口述历史》，（台湾）净名文化中心2014年版，第 325 页。

粮道街与近代教育

Liang Dao Jie Yu Jin Dai Jiao Yu

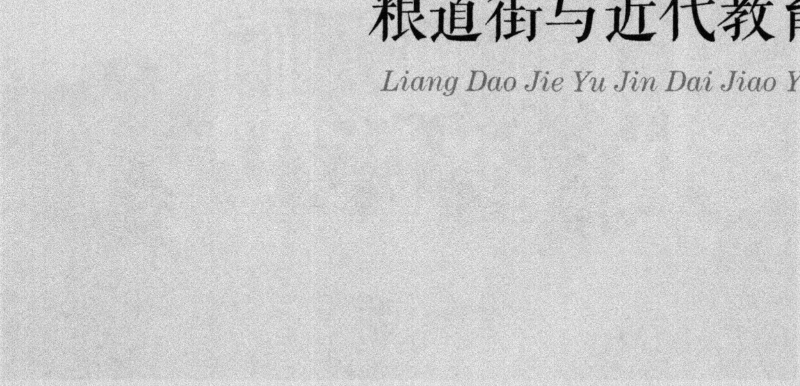

粮道街是湖北的文脉

湖北近代教育兴起于清末洋务运动时期，湖广总督张之洞是湖北新式学校的创办者。当时，湖北是中国新式教育最为发达的省份，张之洞被誉为“当今第一通晓学务之人”。湖北新式学校主要集中于武汉，武汉新式学校主要集中于武昌，粮道街则是武昌新式学校最为集中之地，是湖北近代教育发源地。

在张之洞大力支持下，1897 年，张之洞的幕僚、湖北通判程颂万创办了私立湖北中西通艺学堂，这是一所私立性质的学校。因为政府经费的不足，无法培养更多的人才，所以，创建私立学校，可以弥补政府经费的不足。湖北中西通艺学堂是一所新式实业学校，也是华人在粮道街创办的第一所新式学校。除教授传统的经史之学外，主要向学生传授舆地、图算、文艺和英语、法语等西学。学生分内课生与外课生两类，前者学习期限一至三年，后者五个月至一年。外课生可以不习中学（即经史之学）。学校初设于三道街，后迁入巡道岭，农历七月正式开学。

由于粮道街较为幽静，适合办学，所以，此地是教育最繁盛之地。据初步统计，清末，面积仅 1 平方千米的粮道街地区有学校至少 30 所。办学主体分为教会、官方、私人三类。教会学校有 1871 年开办的文华书院、1874 年开办的布伦女校、1896 年开办的文学书院、1897 年开办的懿训书院等；官办学校有 1903 年开办的东路高等小学堂、1905 年开办的道师范学堂、1905 年开办的工业传习所、1906 年开办的湖北军医学堂、1906 年开办的武昌府初等工业学堂、1906 年开办的省城民主实业预备中学堂、1907 年开办的湖北中等工业学堂、

1909 年开办的第二文普通中学堂、1909 年开办的省城公立崇实女子两等小学堂，此外，还有江汉书院；私立学校有 1902 年开办的日新预备中学堂、1904 年开办的普通中学堂、1906 年开办的明新公学、1909 年开办的滋兰女学堂等。民国时期，粮道街以宗教和教育为主的格局依然没有改变，学校数量不断增加。据初步统计，民国以来，先后在粮道街区域开办或续办的学校有 47 所之多。由于民国时期政局杌陧，社会动荡，经费缺乏，学校时办时停，迁进迁出也比较频繁，很难作一个详尽的统计。以 1933 年为例，当年粮道街有学校至少 38 所。高等教育有中华大学、华中大学、私立武昌文华图书馆学专科学校；中等教育有湖北省立武昌中学、群化中学、荆南中学等；初等教育有省立第二小学校、省立第三小学校、武昌城市区第二、第三初级小学校等，办学主体还是教会、官方和私人三个方面。

粮道街是百年名校的孵化器，从这里产生的百年名校最多，是湖北集中度最高的地区。这些百年名校众多，仅举几例。

第一，华中师范大学。

美国圣公会创办于 1871 年的文华书院，在 1903 年开办大专，1909 年易名文华大学，后并入博文书院大学部、博学书院大学部，并合并长沙雅礼大学、岳州湖滨大学，1924 年组建华中大学。1951 年合并原中原大学教育学院，改为公立华中大学。1952 年全国院系调整，整合后成立华中高等师范学校。

1912 年，湖北黄陂人陈宣恺、陈时父子创建私立中华大学。1952 年部分院系并入公立华中大学。

1953 年，华中高等师范学校更名为华中师范学院。后迁至桂子山，1985 年更名为华中师范大学。

第二，武汉科技大学。

1898 年，湖广总督张之洞在蚕桑局创办湖北工艺学堂，后迁至江汉书院旧址，1907 年，从山前（蛇山以南）搬迁至山后（蛇山以北）的昙华林，易名为湖北中等工业学堂，后三次更名，1927 年搬迁至汉阳针钉厂。后多次搬迁，多次并校，多次更名，1999 年更名为武汉科技大学。

第三，武汉中学。

1920 年，董必武、陈潭秋等人创办于粮道街涵三宫，是私立性质的革命学校。1928 年被桂系军阀关闭。1965 年在旧址恢复重建。

第四，武汉市第十四中学。

1909 年，湖北第二文普通中学堂建立于昙华林，1912 年，与创建于 1903 年的第一文普通中学堂（位于武昌铜元局街）合并为湖北省立第一中学校。后多次整合、多次易名。1963 年定名为武汉市第十四中学。

第五，湖北宜都第二中学。即荆南中学。

第六，武汉市第二十一中学。

1897 年，英国传教士富士德之妻创建于粮道街的昙华林，初名女子学塾。开设小学和中学，1922 年迁至汉阳城东门，1931 年迁至汉口，改名懿训女子学校，1953 年被政府接管，现为武汉市第二十一中学。

第七，武汉市第二十五中学。

1874 年，美国圣公会布伦女士创建于粮道街辖区的鼓架坡，校名为布伦女子学校。1899 年易名为武昌希里达女子学校。1911 年迁移至小东门。抗战时期西迁，抗战胜利后曾在粮道街办学，后迁回小东门。中华人民共和国成立后易名为湖北省第三女子中学。1955 年更名为武汉市第二十五中学。

第八，武汉市盲人学校。

1919 年，美籍瑞典传教士艾瑞英创办武昌瞽目女校于大朝街，后迁入粮道街胭脂山。1937 年抗战爆发，中国籍刘惠芳女士接手办理，在战争中辗转武汉三镇。1966 年迁至武昌石牌岭。

第九，文华中学。

文华中学的前身是 1871 年美国圣公会创办的文华书院。文华大学建立后，成为附中。1924 年从文华大学分离，单设文华中学，改为武昌高级文华中学，与华中大学同在一个校园。1929 年向政府立案，改为私立武昌文华中学。1951 年改为公立武昌文华中学，1952 年迁至中华大学旧址，1953 年改为华中师范学院附中。1956 年改为武汉市第三十三中学，1985 年改为文华中学。

粮道街的两所著名书院
——江汉书院、勺庭书院

书院起源于唐宋时期，是私人或官府设立的讲学肄业之所，大部分为科举考试服务，少部分偏重于稽古实学或诗词歌赋，故与官学、私塾有所不同。湖北书院的兴盛始于宋代，至清末，规模较大的书院有187所，其中，黄州府40所，武昌府23所，汉阳府13所，著名的有省城的江汉书院、经心书院、两湖书院，汉阳的崇正书院，黄冈的问津书院、经古书院等，最有名的书院是两湖书院、经心书院和江汉书院三大书院，其中，江汉书院在今粮道街区域。

江汉书院是武昌最早的书院，最初设立于武昌文昌门内。1369年，湖北提学使葛寅亮主持创办，以江、汉为楚地之望而得名。清代顺治年间定为直省书院，迁移至忠孝门内巡道岭（今粮道街东段武汉中学处）。此处原是湖广都指挥使操捕道公署。后屡次修葺。雍正时期，加以扩充，规模扩大。内设十贤祠，祭祀周敦颐、二程（程颐、程颢）、张载、朱熹、张栻等人。又建德教祠，祭祀肇建书院官员和历次有功于书院者。此外，还有题名碑记，刻录诸生科举中式之名。

1851年，太平军兴，1853年1月，太平军攻入武昌，江汉书院被毁。1862年重建，1867年扩建，并重建了文昌阁、魁星阁、十贤祠、德教祠，肄业生员达2400人，学习内容主要是四书五经和宋明先儒著作。

江汉书院得到了湖北督抚重视。1838年3月，湖广总督林则徐甄别江汉书院肄业生 626 人，此时，林则徐还会晤了江汉书院主讲袁铣之子袁学瀛。

张之洞注重书院建设，他任湖北学政时，1869 年，主持兴建了经心书院，他还奏请将各府考试成绩优异者，选送江汉书院肄业。1889 年，张之洞任湖广总督，次年便建了两湖书院。1897 年，张之洞开始进行书院改制。除教授传统的经学、史学等课程外，还增加天文、地理、算学、兵法等课程，改制后的江汉书院不再仅习经史辞章，而是中学与西学兼习，体现了“中学为体，西学为用”的洋务运动的指导思想，经过改制，包括江汉书院在内的各个书院与新式学校已经没有什么区别了。1902 年，江汉书院并入经心书院，具有 533 年历史的江汉书院终结。

近代肄业于江汉书院者，有中国同盟会会员、共进会外交部部长彭汉遗，民国时期代理教育厅长、民政厅长的教育家纪鸿等。

粮道街还有一所书院——勺庭书院，它是武昌府所办书院，规格略低于江汉书院，影响也略小些，但也是武汉著名的书院。《续汉口丛谈》记载：勺庭书院建立于清康熙年间，因创建者湖北提学大兴人薄有德字“勺庭”而得名，是人们为了纪念薄有德而以其字命名的。《武汉通史》记载，勺庭书院创建于康熙三十九年（1700 年），地址在粮道街朱家巷，其功能与其他书院无异。

清末洋务运动时期，清政府要求书院改制，府、县书院分别改为府中学堂、县小学堂，因此，1903 年，勺庭书院改为武昌府中学堂，其功能发生了转变，演变为新式中等学校。至此，存在 200 年的勺庭书院宣告终结。不久，武昌府中学堂停办，1905 年，在其旧址开办了工业小学堂。

1912 年，民国肇建，学校移至汉阳门正街，改名勺庭中学，1923 年改名为湖北省立第四中学，1927 年改名为湖北省立第九中学。

武昌得胜桥出生的抗日名将刘家麒民国初年毕业于勺庭中学，后来，进入黄埔军校学习。抗日战争时期，1937 年 11 月，太原会战打响，在忻口战役中，第九军第五十四师师长刘家麒为国捐躯，同时牺牲的还有第九军军长郝梦龄，他们的遗骸葬于卓刀泉的伏虎山。

在这两所书院执教过的，就有近代桐城派代表人物曾国藩四大弟子之一的张裕钊。

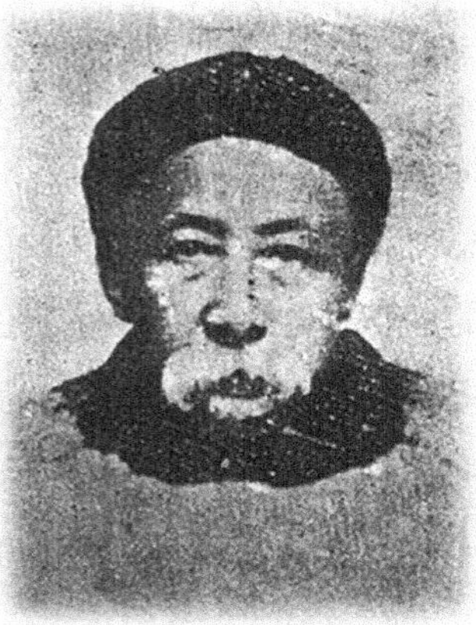
张裕钊

张裕钊（1823—1894），字廉卿，号濂亭，湖北武昌（今鄂州）人。早年入私塾，学习八股制艺，1851年考中举人，授内阁中书。张裕钊雅好文事，不宗一家。曾国藩以平定太平天国而官高位显，其门下诸人多通达显贵，张裕钊游幕曾门数十年，唯以治文为事。曾主讲武昌勺庭书院、南京凤池书院、保定莲池书院、武昌江汉书院、经心书院及襄阳鹿门书院，成就后学者很多，晚年人称“武昌先生”。张裕钊的文章文气雄俊虽不及曾国藩，但有恢诡廉劲之特色，继承发展了桐城派文学。后来参加新文学运动的，如胡适、陈独秀、梁启超诸人，都受过张裕钊等桐城派很大的影响。他的作品有《濂亭文集》《濂亭遗集》《濂亭遗诗》及《论学手札》等数种。张裕钊不仅是桐城派古文大家，也是教育家和书法家。他由魏晋六朝以上窥汉隶，以碑入行，创制了内圆外方的张体书法。晚清时，张裕钊的书法在日本流播，影响很大。

粮道街的西方医院、学校和教堂

粮道街是西方宗教最活跃的地区之一，在近代百余年中，粮道街形成了以教育和宗教为主的格局。

西方宗教大规模涌入内地，晚于沿海。第二次鸦片战争结束后，1860年清政府被迫签订丧权辱国的《北京条约》。《北京条约》规定汉口、九江、南京等口岸开埠，并允许西方列强深入内地传教，这使得西方宗教很快进入汉口等内陆城市。

传教士往往以读书人和商人为传教对象，武昌是省城，读书人多，省城与各县联系比较密切，信息灵通，也便于传教。粮道街特殊的地理位置和地形特征特别适合宗教和教育的生存和发展，所以成为西方教会活跃之地。

英国基督教伦敦会首先进入粮道街区域，急先锋是英国人杨格非。杨格非出生于英国威尔士（Wales）的斯温西（Swansea）。8岁接受洗礼。1855年，神学院毕业后，被派往上海传教。在上海时，学习中文，了解中国历史文化和风土人情，并赴杭州、苏州等地传教。太平军兴，赴军中传教。1861年，汉口开埠，杨格非便来到汉口传教。杨格非特别想在人文荟萃的武昌布道，于是，1864年，他在粮道街区域的戈甲营用西人捐款3000两白银购置田产，建造崇真堂。1867年，

杨格非

崇真堂

武昌仁济医院

武汉三镇都有教会，在汉口还建立了学校和医院，教友达到108人。1868年，杨格非在武昌建立仁济医院。杨格非等人还派人到湖北各地传教，甚至推进到四川、陕西、江西、湖南。1912年患病回国，不久去世。

武昌崇真堂是武汉现存最早的基督教建筑，是典型的哥特式建筑，单层砖木结构，平面呈拉丁十字形，门窗是尖拱，镶嵌彩色玻璃，中式两坡屋顶。

武昌仁济医院英文名为英国伦敦教会医院，包括武昌仁济男医院、武昌仁济护校、武昌仁济女医院。1895年，武昌仁济医院翻新扩建。建筑群由5栋建筑构成，连廊将这5栋建筑联系起来，使它们既互相联系又相对独立，其中4栋建筑加上连廊围合成两个院落。建筑功能分区明确，有门诊用房、住院病房，还有其他辅助用房。属于属典型的欧洲文艺复兴建筑风格，砖木结构，两层均有外廊，红瓦屋顶。1911年武昌起义和阳夏战争期间，武昌仁济医院用于收治伤兵。1931年武汉大水，英国伦敦会在此收留难民。抗战前，武昌仁济医院有医师2人，护士10余人，病人平均每年3万人。抗战胜利后，有医师3人，护士30余人，病床100余张。增设了产科医院和产科学校，产科学校学生有20名。中华人民共和国成立后，与武昌圣约瑟医院合并，改名湖北中医院附属医院。

天主教更早进入湖北，1587年，天主教进入湖北西北。清朝曾禁止传教，但传教士无视禁令，依然潜入湖北。1820年，湖北巡抚张映汉将闯入湖北的传教士刘方济处死。刘方济是法国人，1796年非法进入中国传教，甚至深入湖北西北谷城县，发展中国教民。1819年被逮捕。1840年，另一传教士董文学也被处死。董文学是法国遣使会教士，法国人，由澳门来湖北谷城、河南南阳传教。这两人死后都葬在武昌花园山。

天主堂

第二次鸦片战争后，西方传教士登堂入室，公开进入中国内地。1870年，天主教湖北代牧区主教、意大利人明位笃将主教坐堂从应城搬到武昌。他兴建了主教公署大楼。明位笃死后，意大利籍方济各会会士江成德继任主教，兴建了花园山天主堂和文学书院。之后，美籍方济各会会士艾原道又修建了武昌圣约瑟医院、育婴堂、天文台和天主教方济各印书馆。

武昌花园山天主堂也称圣家堂，1889年，江成德主持修建，主体工程于1891年完工，耗银一万两，1892年12月17日正式开放。圣家堂是罗马巴西利卡式建筑，砖木结构，厚墙小窗，拱门、山花、玫瑰花瓣，建筑面积600平方米。

天主教主教公署

武昌花园山天主教主教公署呈凹字形平面布局，砖木结构，坐北朝南依花园山而建，远看像2层楼，近数则是4层，有大小房间50间。正面有宽大内走廊，主入口山花上嵌有自鸣钟1座。

武昌文学书院是1896年，鄂东代牧区主教江成德为纪念董文学而兴建的，背靠昙华林，南到候补街。校舍为东、西两排中式黑瓦轩廊式平房，学生来源主要是以义学的形式劝募华人子弟就读，目的在于为教会扩大影响，以培养信教的后备力量。1916年，在旧址上兴建新的文学书院。新文学书院由东楼、西楼、小礼堂、平房教室、风雨操场等构成，多为三层楼房，院内古木参天。该书院设有大专、中学、小学。1925年五卅运动后，文学书院被政府关闭，师生由中华大学转接。1931年，文学书院重新注册，更名为文学中学，附设外语大学专科。1952年，文学中学转入湖北省立第一初级中学，外语大学专科转入华中师范学院。

嘉诺撒仁爱修女会武昌圣堂是1888年天主教主教、意大利籍方济各会会士江成德在花园山营建，专门用作修女聚会祈祷场所。该堂落成于复活节，因此奉复活耶稣为主保，称嘉诺撒仁爱修女会武昌圣堂。该堂祭坛设在西部，正中供奉复活耶稣立像，左右分别为圣约瑟和圣母玛利亚。堂正门面对东方，单层砖木结构，占地150平方米，是典型的罗马风格巴西利卡式建筑。

嘉诺撒仁爱修女堂

武昌圣约瑟医院前身是嘉诺撒仁爱修女会所办圣约瑟诊所，嘉诺撒仁爱修女会于1868年进入武昌。1888年，江成德进行扩建，更名为汉口圣约瑟医院武昌分院。汉口圣约瑟医院兴建于1880年。1928年，受武昌监牧区监牧艾原道邀请，美国俄亥俄州天主教地方修会差派北美仁爱修女会来武昌，接管了汉口圣约瑟医院武昌分院，在花园山南麓加以扩建，形成了武昌圣约瑟医院。1948年，武昌圣约瑟医院再次扩建，新建了四层高的住院部大楼。1951 年，人民政府接管医院，更名为湖北医院，1958 年，成为湖北中医学院附属医院，2002 年与湖北省中医药研究院合并，组建湖北省中医院。

美国圣公会是世界新教三大主流门派之一，中国称之为安立甘。1789 年成立于美国费城。该派真正意义上在中国传教者始于文惠廉。1840 年，文惠廉移居澳门，1942 年之后，进入福建、浙江、上海等地传教。1864 年在上海去世。为纪念他，1871 年，圣公会在武昌建立了文华书院。主持其事的是主教文惠廉（去世者是其父亲老文惠廉）。

文华书院是男童寄宿学校，最初规模很小，招收贫困子弟，后来发展为 6 年制新式中学，规模也日渐扩大。清末新政，科举废除，新式学校发展加快，文华书院发展迅速。1903 年，增设大学部，书院分为正馆（大学部）和备馆（中学部）。1909 年，在美国注册，易名文华大学，设有文学院、理学院、神学院。

文华书院

1924 年，文华大学与汉口博文书院大学部、博学书院大学部合并，组建华中大学，地址在文华大学老校园。1926 年，长沙雅礼大学、岳阳湖滨大学又北上并入。至 1937 年，学校设文学院、理学院和图书馆专科，学生有 300 多人。抗战全面爆发后，日寇占领华北，并不断南进。1938 年 7 月，华中大学迁入广西桂林，后迁入云南大理喜洲。1946 年，迁回武昌粮道街老校址。1951 年 8 月 16 日，中南军政委员会决定，撤销中原大学教育学院名称，将教育学院与私立华中大学合并，改为公立华中大学。公立华中大学与湖北教育学院合并，广西大学生物系调入，私立中华大学并入，1952 年 10 月，成立华中高等师范学校建校委员会。1953 年，学校更名为华中师范学院，后搬迁至桂子山，1985 年更名为华中师范大学。

圣诞堂外观

瑞典牧师楼

在粮道街区域昙华林，原文华大学——华中大学还遗留不少老建筑。

圣诞堂落成于 1870 年圣诞日，希腊神庙式建筑，砖木结构，面积 533 平方米，长厅单层，半高屋基，大山花为正面主入口，三面环绕外廊立柱为改良多立克式，仿照古希腊围廊式神庙建筑风格。

圣彼得医院是文华书院的校医院。1911 年，武昌起义爆发，美国圣公会主教吴德施，亲自指挥医院全体医护人员及所属各堂教牧员工，救护受伤的起义军及老百姓。为感谢美国圣公会对革命军的支持，1912 年，中华民国副总统兼鄂军都督府都督黎元洪特赠美国圣公会传教士、吴德施夫人顾美玉一枚奖章，并将武昌平阅路（今彭刘杨路）原满洲贵族的一座大花园，拨给圣彼得医院作为新院址。自此，圣彼得医院脱离文华书院，单独设立。1918 年新医院完工，更名为圣公会同仁医院。1938 年，住院部迁往汉口五福路。1941 年停办，抗战胜利后恢复。1949 年后，外籍医务人员回国。1951 年，武汉市卫生局接管医院，改为武汉市第一工人医院，1958 年更名为武汉市第三医院，后更名为湖北医科大学附属同仁医院、武汉大学医学院同仁医院。

瑞典行道会是基督教路德宗的改革教派，建立于 1878 年。路德宗即信义宗，是瑞典新教第二大教派。1890 年进入中国，主要在湖北、新疆地区传教。

行道会在湖北分为南北两支，南支由瑞典人韩宗盛、任大德、梅保善等牧师于 1890 年开始在武昌传教，在麻城、宜昌、沙市、荆州、蕲水等地设有支堂；

北支由美国人马德盛牧师于1891年开始在襄阳传教，在南漳、宜城、荆门等地设立支堂。

瑞典行道会在昙华林建立武昌瑞典教区，修建了包括礼拜堂（1893年）、主教楼、牧师楼、小学、中学在内的建筑群。1906年，瑞典在汉口建立领事馆，1948年，领事馆迁移昙华林。

牧师楼位于花园山半山坡，面向螃蟹甲，是北欧风格建筑：两层砖木结构，大坡屋顶，平面对称，五开间，清水墙，红灰色相间，通透式外廊，拱券式。古朴典雅，色泽艳丽。

真理学校开设于1924年10月，原为瑞典行道会所办行道学校，地点在昙华林，因地方狭窄，迁移于武胜门内、凤凰山下东麓，取救世主所云“我是真理”之义。真理学校由瑞典行道会与中华基督教湖北大会武昌区会联合开设，有旧式房屋多间，教员13名，学生200余名，毕思敬牧师任校长。毕思敬是瑞典行道会的瑞典籍传教士。另外，瑞典行道会还开设了小学，抗战后中小学均停办。

翟雅各健身房也是文华大学特色建筑。

永远的文华：走过一个半世纪的文华中学

在粮道街原中华大学旧址，文华中学似乎不显山不露水，它就像一位安详的老人，静静地坐在门前，路人往往视而不见，倘若偶尔碰触它的过去，翻开它的历史，人们绝对会惊诧：这所位于普普通通老街的普普通通的学校居然会有150多年的历史！

文华中学最初是一所教会学校，是鸦片战争之后，西力东侵、西学东渐的产物。1861年第二次鸦片战争失败，汉口被迫开埠。1866年，基督教美国圣公会传教士文惠廉（William Jones Boone）等一行三人，来湖北武昌传教，文惠廉是美国圣公会来华的第一位主教。1871年，圣公会为纪念他，在武昌花园山建立一所学校，英文名字就以文惠廉命名，中文名字是文华书院。

文华书院最初是寄宿学校，中学文化程度，学习内容与私塾没有多大差别，只不过加上英文和宗教而已，后来逐步增加算术、格致等西学课程。学生人数很少，来自信奉基督教的家庭，后来，生源扩大到普通家庭，而且逐渐以后者为主，学生人数也增长很快。

1903年，文华书院增设大学部，学校分正馆（大学）和备馆（中学），1909年更名为文华大学，大学和中学都在一个校园办学，恽代英就毕业于文华大学，毕业后在中学部任主任（校长）。1924年，文华大学与武昌博文书院、汉口博学书院大学部合并成立华中大学，与中学部还在同一个校园，中学部则改名为“武昌文华高级中学”，分初中、高中两部。1927年，学校主持人曾宣布停办，但许多中国籍教师不肯离去，在校园里继续办起“文华补习班”，并向中国政府申请立案，1929 年，定名为“私立武昌文华中学”。

1938 年秋，日寇进逼武汉，学校被迫西迁。文华中学、文华初中、圣希里达女中、汉口圣保罗初中等教会学校等组成“私立湘鄂教区联合中学”，至广西、云南、贵州等地办学，历时八年，颠沛流离，艰苦办学，薪火不息。抗战胜利后，回迁至花园山原址，继续办学。

1949 年，中华人民共和国成立，学校获得新生，由私立改为公立，1952 年大专院校调整，华中大学与另两所大学合并，后迁至桂子山，发展成今天的华中师范大学，文华中学迁至粮道街原中华大学校园（面积 23 亩），校名因此改为华中师院附中，1956 年，学校由市教育局接管，校名改为武汉市第三十三中学，1985 年又恢复武昌文华中学校名。

在 150 年办学历史上，文华中学形成鲜明的特色。

建立中国最早的铜管乐队。1909 年 10 月，学校就在康明德先生（后担任学校校长）筹划下成立了第一支由中国人自己演奏的铜管乐队，1906 年为铜乐队。

建立中国第一支童子军。组织者是文华书院教师严家麟，1912 年组建，次年正式成立。

建立中国第一个学生红十字会。组织者余日章曾任文华大学中学部校长。1911 年 10 月武昌起义期间，余日章组织学生成立“红十字会”，自任总干事，参加救护活动。

创作中国第一首学生军军歌。学生军军歌创作于 1906 年，由文华书院教师张纯一作词、余日章谱曲（一说由余日章从美国带回）。

举办中国最早的校际运动会。1899 年，文华书院首先引进西方体育活动项目，如田径、棒球、壁球、足球等，并于 1901 年在文华书院操场举行湖北省第一次校际运动会，文华书院还获得了四项冠军。

此外，在文华大学和中学校园，还产生了中国第一座公共图书馆。

学校富有光荣的革命传统，在新、旧民主革命时期，涌现了一大批救国救民的进步人士，日知会领导人黄吉亭、刘静庵，同盟会会员余日章、卢春荣，爱国民主战士李公朴，抗日英雄肖敬瞻，革命家恽代英、林育南、谭震林等。

学校培养了大批栋梁之材，著名的校友有音乐家夏之秋，银行家周苍柏，经济学家和国际问题专家、学部委员宦乡，两院院士、土壤学专家、中国农业大学原校长石元春，中科院院士、焊接学家、南昌大学原校长潘际銮，中科院院士、超声学家应崇福，中科院院士、数学家万哲先，外科专家曾宪九，北京外国语大学原校长、英国语言文学家王佐良，经济学家、中国人民银行原行长方皋，武汉新黄鹤楼总设计师向欣然，天体物理学家杨兰田，人民艺术家夏雨田，词作家、解放军艺术学院原院长瞿琮，戏剧理论家、中国文联原党组书记赵寻等。

学校走过150余年的光辉历程，取得很大的成绩，是首批“武昌名校”“武汉市首批标准化建设学校”“武汉市示范高中”“武汉市综合办学水平示范学校”“武汉市文明单位”。

翟雅各与翟雅各健身房

进入湖北中医大学昙华林校区，首先映入眼帘的是古色古香的老建筑——翟雅各健身房，它位于进门处不远的右首，与校门仅几步之遥。翟雅各健身房是一座室内体育馆，中西合璧的建筑风格，中式屋面，西式屋身。屋顶为重檐庑殿顶，绿色琉璃瓦覆盖，屋身是二层砖木结构，底层清水红砖墙，用水泥框套做券门和抹角方窗，第二层则有外走廊，传统柱式，柱子之下有麻石柱基，上有额枋梁头，是典型的中国建筑风格，建筑面积996平方米。设计师柏嘉敏是文华大学的教职员工，也是颇具地位的教会建筑师，曾在哥伦比亚大学和耶鲁大学学习建筑学，并游历欧洲，1911年来华为美国公理会服务，20世纪20年代，他积极支持建筑领域的“宗教本土化”，也就是改变过去教堂、学校等建筑设施照搬西方建筑设计的习惯做法，主张模仿中国传统建筑风格。因此，文华大学建筑都具有中西合璧的特点。翟雅各健身房于1919年开始修建，1921年投入使用，是武汉地区历史最悠久的室内体育馆之一。2003年，被评为武汉市优秀历史建筑。由于年代久远，建筑受到严重损坏。为了保护这座优秀历史建筑，2015年6月，按照“修旧如旧，修旧如初”的原则，最大限度地保留原有风格，翟雅各健身房修复工程启动。修复团队进行了非常复杂的建筑本体定性、现场勘测、环境研究等工作，至2016年11月工程竣工。此后，一直是武汉设计领域的重要活动场所。

翟雅各健身房也是一座纪念体育馆，它以文华大学首任校长翟雅各命名。

翟雅各，英文名为James Jackson，1850年出生于英国，是基督教信徒，人

翟雅各健身房

称他“负过人之才，抱救世之心”。1876 年来中国传教，后赴美国，再来华。他曾游历广东、江苏、江西、安徽等省，进行传教活动。1901 年，来湖北，不久，任文华书院监院（校长）。初任监院，他便扩大学校规模，校园面积增加到 24 英亩，中学学生规模由 100 余人发展为 300 余人，大专生有 50 余人。他加快基础设施建设，建立图书馆文华公书林、男生宿舍思殷堂、东楼（科学楼）、教学楼多玛堂。其中，文华公书林是中国近代第一座公共图书馆。翟雅各还重编课程，创办校刊《文华评论》及《文华学界》等刊物，严格校律，培育优良学风。

1903 年，文华书院进入新的发展阶段，书院建立正馆和备馆。正馆即大学部，学制三年，备馆是中学部，分初中、高中，学制六年。1909 年，大学部更名为文华大学。

在翟雅各治校期间，文华书院和文华大学学生社团活动丰富多彩。学校成立了足球队，在华中地区久负盛名，经常获得冠军；建立了学生鼓乐队、管乐队、合唱队、文华剧团回春社，在社会上开了风气之先，产生了很大影响。

值得一提的是，1912 年 2 月 25 日，教师严家麟借鉴西方，组织 60 名 16 岁以下男孩，在武昌文华书院图书馆举行宣誓仪式，成立中国童子军第一支队，这是中国近代童子军的首创。童子军最早由英国军官贝登堡于 1907 年在英国多塞特郡勃朗海岛上建立，后发展成为一种世界组织，主要通过社会军事训练，组织儿童过露营生活，进行烹饪、侦察、攀登等活动，让孩子们“学会生存”。在严家麟倡导下，童子军风靡全国，1915 年 11 月，中华全国童子军协会在上

1935年严家麟率中国童子军代表团赴美参加世界童子军大会留影

海成立，北京、天津、广州、南京、汉口等地建立分会。抗战时期，童子军发挥了很大作用。起源于粮道街的童子军在中国乃至世界都有广泛的影响。1949年后，童子军在台湾得到传承。在台湾，童子军长大后，要学104种技能，包括游泳、急救、修车等，在遇到突发事件或者战争时，要求做到：一是可以自救；二是能够帮助别人。2012年12月12日，台湾嘉义中华童子军9名代表来武汉寻根，在文华中学（前身是文华书院）与学生举行了升旗仪式。这9名代表年纪较大，其中1名代表着短衣短裤参加仪式。短衣短裤就是原童子军的服装。

翟雅各

1917年，因年事已高，翟雅各辞职，从事著述，校长职务由美国人孟良佐牧师接任。1918年4月，因劳累患脑疾，翟雅各辞世于江西九江，享年67岁。《新民报》《兴华》曾介绍其生平事迹。

翟雅各为人和蔼，勤勉节俭，助人为乐，诲人不倦。他博览群书，学贯中西，在欧美文学领域自成一家。

翟雅各在文华书院及文华大学的兴革，为文华大学的发展奠定了良好的基础。

圣约瑟学堂的前世今生

在人们的认知中，圣约瑟学堂似乎一直是云遮雾罩。由于史料缺乏，人们很难窥其全貌。它位于崇福山街49-51号（原武昌候补街高家巷），一般的资料认为，它原为美国基督教圣公会日知会学校内的救世堂，1901年，圣公会在此兴办书报阅览室，名曰“日知会”。但是，笔者发现的新史料显示，所谓日知会学校就是圣约瑟学堂。1902年，美国圣公会牧师韦德在崇福山街创办了圣约瑟英文学堂，亦名圣约瑟学堂。所以，所谓日知会学校是不准确的说法，应该是圣约瑟学堂。

圣约瑟学堂旧址

圣约瑟学堂是一个有故事的地方。

1906年，刘静庵、张难先等在此组织反清革命团体“日知会”，刘静庵被推为总干事。日知会联络军、学、绅、商各界，开展革命活动，与孙中山领导的中国同盟会也建立了较为密切的联系，奠定了湖北革命的基础和格局。次年，日知会丙午之狱发生，刘静庵、张难先、朱子龙等九人被清政府湖北当局投入监狱，日知会被破坏。辛亥前夕，刘静庵在狱中被折磨至死。刘静庵（1875—1911），原名贞一，又名大雄，字静庵、亦作敬安、敬庵。湖北潜江人。1903年，赴武昌加入湖北新军，1904年，参加革命团体科学补习所。1928 年，其遗骸被安葬于武昌伏虎山。

刘静庵

1920 年，圣约瑟教堂扩建，附设中小学，始刻“圣约瑟学堂”五字于门楣（还有另一种说法是 1919—1927 年，教会在此开办圣约瑟学堂）。圣约瑟学堂办学情况是怎样的？由于缺乏史料，至今还是一个谜，有待进一步揭开。

1927 年，圣约瑟学堂成为贺龙二十军军部，此时，武汉处于大革命的中心。贺龙（1896—1969），原名贺文常，字云卿。湖南桑植人。他是伟大的无产阶级革命家、军事家，中国人民解放军的创始人和主要领导者之一。1914 年，参加孙中山领导建立的中华革命党，后参加护法运动、国民革命，南征北战。1926 年 10 月 10 日，北伐军攻克武汉，11 月，广州革命政府迁都武汉。担任国民革命军第九军第一师师长的贺龙也率军攻入湖北。1927 年 3 月，他在鄂城就任国民革命军第十五师师长。4 月，移师武汉，随即赴河南参加第二期北伐，抵达开封一带。6 月，升任暂编第二十军军长，随即奉令回师武汉，设军部于圣约瑟学堂。7 月 10 日，率军开赴湖北鄂城、大冶、黄石等地。20 日，率军奔赴江西九江，参与领导南昌起义。

二十军奔赴江西东征后，在圣约瑟学堂设有留守处，留守处储存大量枪支弹药，由军械处负责，并派特务第三营驻防。7 月 26 日下午 5 时 30 分，该处发生爆炸，刹那间，火光冲天，枪声大作，通宵达旦，市民十分恐慌。据《汉口民国日报》报道，该营系新兵，不明火药之利害。火药室存放炸药两箱，逼近西晒，天气炎热，引爆炸药。结果，一千多支（门）枪炮和其他军械都被炸毁，崇福山五号、四号两栋房屋被焚毁，死伤 200 余人，其中死者 173 人。惨剧发生一小时后，武汉卫戍部队、公安局前往抢救，并维持秩序。汉口红十字会也前往救护。由于二十军东征部队必须与留守处保持联系，留守处很快在戈甲营 73 号重新建立起来。

1938 年 7 月，原日知会丙午之狱同人张难先、殷子衡（亦作子恒）、梁钟汉等立武昌日知会纪念碑于院内。石碑由日知会成员欧阳瑞骅撰文、张难先书丹。

碑文记述日知会始末，赞颂日知会首义之功，力辩对刘静庵的诬陷不实之词。同时还配套建有碑亭与石牌坊，以纪日知会事迹。日机轰炸武昌，为避免遭到损坏，原日知会会长黄吉亭将其埋于泥土之中。此石碑现存湖北省博物馆，但碑亭与石牌坊被毁。

1946 年，武昌文华图书馆学专科学校从重庆迁回武汉，以圣约瑟学堂旧址为办学新地址。武昌文华图书馆学专科学校渊源于文华大学 1920 年开设的图书馆学系。1929 年，图书馆学系独立办学，命名为武昌文华图书馆学专科学校，办学地址在花园山文华大学校园内。1938 年，日寇进逼武汉，学校西迁重庆，1946 年，迁回武昌圣约瑟学堂处。1951 年，武昌文华图书馆学专科学校被中央文化部接管，由中南军政委员会教育部代管。1953 年并入武汉大学。

岁易时移，物是人非。20 世纪六七十年代，“圣约瑟学堂”五个字被人以水泥覆盖，遂逐渐被人遗忘。圣约瑟学堂后来变成居民住处，隐没在路径曲折的一片居民住宅之中。武汉民间文史专家多年潜心探寻考证，走访专家，认定已砌于崇福山 41 号民居山墙的框形条石，即为当年学堂所存之门框。2001 年 7 月 26 日，经轻凿细擦，剥去水泥渣屑，这五个记录着一段历史风云的大字始得重现。后经维修，得到进一步保护。目前，石雕门楣（门楼）、日知会当年的大门、院中的水井和文华图书馆学专科学校的老校舍都还保留完好，武汉市将其认定为市级文物保护单位。

从粮道街迁出的百年学府华中师范大学

粮道街是百年名校的孵化器，华中师范大学具有代表性。

华中师范大学的主要前身之一是1871年的文华书院，如《粮道街的西方医院、学校和教堂》一文所述，文华书院后演变为文华大学——私立华中大学——公立华中大学。

华中师范大学的主要前身之二是私立武昌中华大学。

私立武昌中华大学创建于1912年的粮道街，是中国第一所私立大学。1912年5月13日，黄陂人陈宣恺、陈时父子捐出家产，建立中华学校，男生部在府后街，女生部位于粮道街。同年10月，官方划拨旧粮道署为永久校园。

私立武昌中华大学

1913年，学校迁入，改为大学，江汉大学和中华法政专门学校的学生也全部转入。1915年，教育部正式认可为大学，以陈宣恺为法人代表，陈时为代理人。同年7月，政法别科和大学预科完成学业，这是第一届毕业生。

陈时

1915年9月，中华大学开设文科大学本科哲学门，次年开设法科大学本科经济学门，1917年，开设商科大学本科交通学门。同年，陈宣恺去世，陈时继任校长。

1925年，中华大学开始大规模建设：改建了校门，兴建了礼堂、办公楼、学生宿舍，扩充了实验室，增加了图书、仪器。除了大学外，还附设小学和中学。

1926年，北伐军攻入武昌，湖北省政府改组。1927年，教育厅将武昌大学、武昌商科大学、中华大学等合并，建立国立武昌中山大学。不久，武昌中山大学停办。

1928年，中华大学复校。复校后规模进一步扩大，1930年达到1600余人。在此前的一年，教育部采用美国学制，规定大学必须有三个学院。中华大学进行调整，下设文、理、商三个学院，其中，文学院设中文系、外文系；理学院设化学系、数学系；商学院设经济系、工商管理系。

1937年7月7日，抗日战争全面爆发，12月13日，南京陷落。1938年6月，武汉会战打响，不久，武汉各机关、学校、工厂等纷纷内迁西南和本省鄂西。中华大学也从武昌迁到宜昌，再迁往重庆。在严酷的战争环境下，中华大学艰难办学，薪火不辍。直到1946年，才迁回武昌原址。

复校后的中华大学开设三个学院，一个会计专修科。文学院增设了教育系；商学院增设了国际贸易系。附中开设高中班8个、初中班6个。不久，内战全面爆发，在国民党统治下，全国物价飞涨，政局动荡，学校办学困难，师生生活艰辛。为了防止国民党撤退时的破坏活动，学校组织师生们护产护校，维护学校安全。

1949 年，全国解放。1950 年，中华大学为中南军政委员会接管。1951 年改为公立，校名不变。1952 年，全国进行院校调整。中华大学主体并入华中高等师范学校。

中华大学重视学术，除了平时聘请名流政要、名师硕彦演讲、讲学外，还曾开设暑期演讲会和寒期演讲会。前来演讲或讲学的有大批名人，如政要居正、蔡元培、陈立夫、冯玉祥、李书城等，学者康有为、梁启超、章太炎、黄炎培、黄侃、辜鸿铭、马寅初、陶行知、邓初民、邹韬奋、郭沫若等，宗教界月霞法师、李隐尘法师等，还有世界文化名人杜威、泰戈尔、孟禄、杜里舒等。1923 年，中国共产党的先驱李大钊也曾在中华大学礼堂演讲。

中华大学是一所具有光荣革命传统的学校，在反对袁世凯签订“二十一条”、五四运动、反对国民党内战等反帝反封建的学生运动中，中华大学表现十分出色，特别是 1919 年湖北五四运动的点火人就是中华大学中学部主任恽代英。1917 年，中华大学建立了第一个进步团体互助社，后来，发展成利群书社。1921 年，中华大学毕业后在附中任校长的恽代英等人在黄冈成立了具有共产主义性质的共存社。

中华大学及附中培养了一大批共产党员，他们或是教师，或是学生，或是校友，如恽代英、林育南、刘仁静、黄负生、李汉俊、郑南宣、陈昌浩、李伯刚、唐际盛、萧鸿举、曹学楷等，仅早期党员就有 60 余人。知名校友还有《黄河大合唱》词作者张光年，原教育部长何伟，厦门大学校长、经济学家王亚南，教育家余家菊、哲学家冯友兰等。

在粮道街办学 20 年的
百年名校武汉科技大学

粮道街是武汉市百年名校最集中的区域，有着 125 年的武汉科技大学曾在粮道街办学 20 年，这 20 年是学校历史上辉煌的 20 年，其最大的特点是涌现了一大批革命者，在辛亥革命史上和中共早期革命史上占有重要的地位。

1907 年，在粮道街原道师范学堂的旧址上，建立了一所工业学校——湖北中等工业学堂。湖北中等工业学堂的前身是湖北工艺学堂。湖北工艺学堂创建于 1898 年，创办者是湖广总督张之洞。1907 年，张之洞下令，将湖北工艺学堂从原江汉书院旧址（武昌文昌门）搬迁至昙华林，易名湖北中等工业学堂。学校位于武昌城城墙边、螃蟹甲山下，面对文华书院。这里风景秀丽，环境幽静。

学校开设理化、机械制造、染织、建筑各科，前二年为预科，后二年为正科。学额 60 名，另招学徒 30 名。学校建有工厂，设备较为先进，曾有蒸汽机 15 台，著名的地质学家李四光曾任学校教员、翻译兼工厂经理员（即厂长）。1911 年，武昌起义爆发，阳夏战争继之而起，和武汉其他学校一样，因此而停办。

湖北工艺学堂及其演变而来的湖北中等工业学堂是张之洞洋务新政的改革成果。但是，学校不少学生甚至教师却选择了革命，该校成为著名的革命之校。辛亥革命时期，时象晋、李四光等革命党人曾在该校任教，范鸿泰、时象晋还是最早的革命者，参加过著名的花园山聚会。该校学生陈宏诰、赵师梅、赵学诗、陈磊、陈霖、江家瑞、傅盐梅、彭晟等人先后倾向革命，参加革命团体者

湖北中等工业学堂（位于东北角城墙边、螃蟹甲山下）

达 20 余人，占学生总数的八分之一。共进会在学校建立了基层组织，赵师梅是代表。这是当时仅有的几个设立基层组织的学校之一。陈宏诰、赵师梅、赵学诗、陈磊是革命党的核心人物，起义军旗十八星旗就是赵师梅、赵学诗、陈磊绘制的，革命党人的秘密机关同兴酒楼和同兴学社也是他们经营的，其中，同兴学社就在巡道岭（粮道街东段）。他们参加了武昌起义，参加了湖北军政府的组建和阳夏之战，陈宏诰是湖北军政府的核心成员——“八大金刚”之一。赵师梅、陈磊等追随战时总司令黄兴上前线杀敌，赵师梅在战斗中负伤。民国建立后，北京政府表彰武昌起义功臣，陈宏诰、赵师梅、赵学诗获得甲等功勋，陈磊则于 1912 年被人误伤，死于非命。在湖北辛亥革命中，像湖北中等工业学堂这样的学校并不多见。它表现十分出彩，是著名的铁血之校。辛亥革命失败后，为反对北洋军阀的专制统治，该校学生董锄平、鲍佛田等积极投身革命，以至被开除。

1912 年，学校复办。1914 年改名为湖北省立甲种工业学校。湖北省立甲种工业学校是一所工业中学，开设金工、染织、图案、电气四科，学生预科一年，专科三年，招收 14 岁以上、具有高等小学学历的学生。1916 年，有教师 29 人、职员 2 人、学生 194 人。1922 年实施“壬戌学制”后，学校更名为湖北省立高级工科中学校，开设机械、染织、图案三科，学制三年。因为，新校名使用时间较短，而湖北省立甲种工业学校影响较大，所以，一般将1912年到1927年这段历史统称湖北省立甲种工业学校时期。学校办学条件较好，经费较多，建有实习工场；学校师资较优，教师多有留日背景，还有来自日本的教师。1927年，国民党政权建立后，湖北当局对教育进行调整，该校奉命从粮道街区域的昙华林搬迁至汉阳针钉厂，与湖北省立高级商科中学校、汉口第二中学校等，合并为湖北省立第二中学校。

湖北省立甲种工业学校是一所红色学校，具有光荣革命传统。在1919年五四运动中表现抢眼，是最早开展活动的学校之一。5月12日，爱国学生建立团体——武昌学生团，学校是发起成立的15所学校之一。6月1日，爱国学生遭到反动当局镇压，该校有伤者。被武汉各校推荐赴北京交涉、联络的两名代表之一就来自该校，学校组织的国货营业部因提倡国货而深受瞩目，影响很大。学生许白昊因参加五四运动被开除。

五四时期，各种思潮纷至沓来，各种团体如雨后春笋。粮道街区域学校集中，各种新思潮、新社团影响尤其广泛。以恽代英、林育南为代表的先进分子组织互助社等团体，积极探索改造中国的方案。1920年，又成立利群书社，经营进步书刊。1920年，董必武建立武汉中学后，积极宣传马克思主义。陈独秀、李大钊等先后来此地宣传马克思主义。这样的环境为该校学生成长创造了良好的条件。该校本身就具有革命的传统和基因。所以，学生非常活跃。学生们积极参加进步团体，在组织中进步，柯松涛、吴干臣就参加了同乡会，同乡会中有不少进步学生探讨改造中国的方法，在讨论中他们甚至发生激烈争论，在互相帮助下，这些进步知识分子逐步成长起来。在新思潮、新文化的传播中，学生中的进步分子积极追求真理，在比较中摒弃了无政府主义、改良主义、空想社会主义，接受了马克思主义。

1921—1925年，这所学校参加中国共产党的校友至少有15人，其中著名的人物有许白昊——1922年入党，1924年春，直属中央的中共汉口地方执行委员会成立，他任委员兼地委秘书（秘书长）。他参加了党的二大和五大，是五大选出的7名中央监察委员会委员之一，当时，中央监察委员会与中央委员会是平级的。1928 年 6 月 6 日，许白昊在上海龙华牺牲，牺牲时年仅 29 岁，一同牺牲的还有郑覆他和陈乔年，陈乔年是陈独秀的二儿子。因为，许白昊牺牲时间比较早，所以，在学界不太引人注目。其实，他是与林育南、项英、李立三齐名的早期工人运动领袖，也是湖北党组织的领导人。许白昊一家为革命牺牲了四人。

第二个著名的人物是聂洪钧，他是咸宁党组织的创始人，是新中国第一届湖北省政府副主席，主席是李先念，副主席还有熊晋槐，聂洪钧是第一副主席。聂洪钧为革命牺牲了四位家人。

第三个著名人物是郑位三，他报考湖北省立甲种工业学校时，考了第三名，所以改名郑位三。他是鄂豫皖革命根据地的创始人之一，中原突围时，他任中原局代理书记、中原解放军政委，司令员是李先念。中华人民共和国成立后因身体欠佳没有从事实际工作，毛泽东特地批准他享受副总理待遇。

著名的人物还有董锄平，他是 1921 年入党的。所以，党的二大召开时，全国的党员仅有 195 人，湖北省立甲种工业学校校友就有 2 人。

在 15 名早期党员中，没有一人背叛革命，为革命牺牲的就有 8 名。“德土独茂春风，传授马恩衣钵，留学成才方有用，何期衅起萧墙，栋折梁摧天欲暗；莼湖同沾化雨，切磋欧美新知，分途救国岂无功，不料盟忘歃血，我亡君逝恨难平！”[①] 这是一幅“哀而不伤”的挽联，也是该校校友、早期旅欧中共党员、革命英烈张亚巨短暂而伟大的一生的真实写照。挽联赞扬张亚巨坚定执着的信念和赴汤蹈火的斗志，这是湖北省立甲种工业学校之魂，是粮道街精神的缩影。

① 临湘市志编纂委员会编：《临湘县志》，湖南出版社 1996 年版，第 639 页。

湖北法政专门教育的摇篮

在清末洋务新政中，派遣留学是教育兴革的重要举措。在留学生专业选择中，政法类占较大的比例。湖北是清末派遣留学生规模最大的省份，学习法政者比例较高。在科目选择上，按照湖北当局规定，对学习法政、军事科目有一定的限制，规定由中国政府保送者才可以读。其他科目如实业、文科、医学等，留学生可以自由选择。相比较而言，读政法和军事者居多，学师范者次之，习其他科目者较少。有学者对可搜集到资料的 807 名湖北留日学生进行分析，发现除了 270 人无法查证其所学科目外，在其余 537 人中，有 251 人习陆军，占 46.7%；139 人习法政，占 35.7%；73 人习师范，占 13.4%；32 人学工科，占 5.7%；17 人学农科，占 3%；12 人习格致，占 2.1%；9 人学商科，占 1.6%；4 人习医科，占 0.7%；而习文科、财经、海军者极少。前三者相加，比例高达 80% 以上。这和其他省份的情况大致相吻合。究其原因，是较之其他学科，学习法政学时较短、学成较易，且回国后多就职于法政学堂、司法及政府机关，出路较广。

大量学习法政专业的留学生回国，不仅为政界、法界提供了实务人才，而且也为法政教育提供了专门人才。研究显示，湖北法政教育始于 1902 年的两湖高等学堂法律门的创设，但两年后，两湖高等学堂改为两湖总师范学堂，法律门也被停止。

6 年后，培养法律、政治人才的专业性的学校建立起来，在清末，湖北武汉共有三所，这三所都位于粮道街区域。

1908 年，刘鸿烈等在武昌牙厘局街（今荆南街）创办湖北江汉法政学堂，这是湖北最早的法政学校，但是，学校办学历史很短。1914 年，北洋政府教育部对湖北各校法政专业进行审查，并咨湖北巡按使，决定不予该校立案，理由是：该校现有法律经济别科各一班，法律本科二班，政治经济本科一班，除法律经济别科质量符合要求外，法律本科二年级一班系由别科生改编，不符合新章程有关规定，生源也不具有中学程度资格。法律及政治经济本科招考时仅仅考试国文一门，也不符合有关规定，生源有中学程度者很少，基础较差，质量无法保证。基于上述理由，教育部不予立案。1915 年，第二班学员毕业，校长周棠呈请停办。

1908 年，湖广总督赵尔巽创办了湖北官立法政学堂。该学堂位于抚院街胭脂山南麓，由原抚台衙门改建，翰林院编修邵章任监督。内分专科与讲习所，专科三年毕业，每年招收学生 100 名，官绅兼收；讲习所一年半毕业，第一学期收 200 人，第二学期后每学期收 100 人。1911 年春，湖北法政学堂内还曾附设辩护士养成所，招收高等小学毕业及法政学堂肄业生 200 名，培养律师人才。至 1910 年 11 月，该校已有教员 17 人，学生 4 个班共 529 人。教师很多是留日习法政者，汤化龙、张竞仁、李祖虞、何奇阳等还考中过法政科举人。张知本回国后也曾任湖北法政学堂监督、法政讲习所教师等职。学堂还聘有日本法学士出身的作田正一、筱崎正、玉木薰藏等日本教习。1911 年因武昌起义爆发而停办，1912 年复校，更名为湖北公立法政专门学校，迁至贡院。

1910 年，留日法政生谢健开设了私立湖北法政学堂。谢健后来领有湖北军政府颁发的第一号律师证书，他曾在日本留学六年。由日本回国后，谢氏就曾联络留学日本学习法政的汤化龙、胡瑞棠、毛家骐等人筹商开设私立法政学堂，地点在武昌痘姆祠街。该校初创时以汤化龙为教务长，谢健为学监，萧瑞堂、毛家骐为监学，并吸引留学回国的法律专家何奇阳、张文煨、杨子鸿及国学专家吴我尊、赵誉船等任教。1911 年，武昌起义爆发，该校停办。1912 年复校，改为湖北私立法政专门学校，迁址贡院。次年，定全年经费 36700 元。1914 年，北洋政府教育部对其进行资格审查，认为办学不符合新章程，教育质量差，设备、资金不足，不予立案，但并未停办。

1924 年，在贡院办学的湖北公立法政专门学校与私立法政专门学校合并，更名为湖北省立法科大学，1926 年并入国立武昌中山大学。1928 年南京国民政府以原国立武昌中山大学为基础，建立国立武汉大学。

此外，1912 年创办的中华大学也设置了法律专业。该校也在今粮道街。

湖北近代女子学校教育的摇篮

在中国古代男尊女卑的社会，教育是男子的特权，只有极少数女子接受过学校教育，如清代的女子私塾教育。晚清时期，随着欧风美雨东来，中国风气渐开，一些进步人士极力倡导兴办女学，进而倡导妇女解放。如早期维新思想家陈虬、郑观应等提出了开女学的主张。戊戌变法时期，梁启超、康广仁等维新志士还进行了酝酿。1898 年 5 月，上海出现了第一所中国人创办的女子学校——经正女学。

湖北女学最初是由西方教会开办的，最早出现在粮道街。1874 年，美国基督教圣公会在鼓架坡创办布伦女校。1899 年易名为武昌希里达女子学校。1911 年，迁往忠孝门（今粮道街区域小东门）。1937 年 7 月 7 日，抗日战争全面爆发。随着上海、南京沦陷，大批机关、工厂、学校及人员西迁武汉，后来再继续西迁西南。武汉教会学校由圣公会组建鄂湘教区联合中学，先后迁往广西、贵州、云南。抗战胜利后回迁武昌，在粮道街暂时办学，后迁回小东门原址。该校演变为今武汉市第二十五中学。

1897 年，英国基督教伦敦会传教士富士德之妻在粮道街又建立一所女学，这就是位于昙华林 93 号（原 101 号）的懿训书院。学校分小学和中学，学制 8 年，重视英语课程和宗教仪式。学校不收学费，只收伙食费，学生必须放足。学校实行住读制，管理非常严格。1911 年，学生人数只有百人。1918 年，富士德夫人年老退休，高文员女士继任校长。因办学空间狭小，1922 年迁往汉阳东门，1931 年迁往汉口，更名为私立懿训女子学校。1953 年，被湖北省政府接管，演变为今武汉市第二十一中学。

近代，湖北境内，中国人自己开办的最早的女学是 1904 年在湖北幼稚园开设的女子保育科。不久，因人数太少，移并设在小东门痘姆祠的湖北启秀女子学堂。该学堂由胡钧创办于清末，为湖北私立女子教育之始，开湖北女子中等教育先河。

湖北女子师范学校也发源于粮道街。1906 年，举人李文藻在武昌忠孝门痘姆祠创建湖北女子师范学堂，同年张之洞将其迁至紫阳湖皇殿左首（今武汉市第三十九中处），改为公立。这是湖北女子师范学校之始。1911 年 10 月 10 日，武昌起义爆发，同其他学校一样，该校停办。民国元年（1912 年）恢复，改名湖北省立女子师范学校，王式玉任校长。

1927 年，湖北省立女子师范学校并入湖北省立第一女子中学校，地址在今粮道街辖区的正卫街。1929 年，湖北省立女子师范学校从湖北省立第一女子中学校独立出来，办学地点仍然在正卫街。1931 年，学校有普通师范 6 个班，幼稚师范 1 个班，学生 295 人，教职员 55 人，其中教员 38 人。1937 年 7 月 7 日，抗日战争全面爆发。随着上海、南京沦陷，大批机关、工厂、学校及人员西迁武汉，后来再继续西迁西南。在西迁中，湖北省立女子师范学校迁至湖北省建始县松树坪，更名为湖北省联合中等以上学校（俗称湖北联中）建始女师分校。1941 年，湖北省教育厅于恩施县核桃坝增设省立第二女师，建始女师分校更名为湖北省立第一女师。1945 年抗战胜利，该校迁回武昌，更名为省立武昌第一女子师范学校。1949 年 3 月，该校有普通师范和幼儿师范 9 个班，学生 378 人。6 月，学校被中共领导的湖北省政府接管，并入湖北教育学院附属师范学校。中国共产党第一批女党员、妇女解放运动的先驱夏之栩、徐全直、钱英、李文宜、袁溥之、袁震之曾就学于该校。这些革命女杰，在后来的革命生涯中分别与陈潭秋、赵世炎、罗亦农、陈郁、吴晗结婚，书写了她们人生的另外一段传奇；黄杰、唐义贞、张茜则分别成为徐向前夫人、陆定一夫人、陈毅夫人。在中国共产党的历史上，在无产阶级妇女解放历史上，这所学校别具特色，独显魅力，值得大书特书。

湖北女子职业教育也滥觞于粮道街，1908 年创设的湖北省女子实业学堂是湖北最早的一所。该校位于武昌痘姆祠（棋盘街与小东门之间），学额60名，分授农、工、商等知识。1914年春，更名为湖北省立女子职业学校，迁往武昌正卫街，分为普通、专修、缝纫、刺绣、手工、造花等科，后增加毛巾、织袜2门。1916年秋，添招中学生，改名为湖北省立女子中学校。1924年更名为湖北省立第一女子中学校，设初中2班、职业速成班3班。1927年，改为湖北省立第一女子中学第二部，设高中师范科、普通科初中，共13班。第一部在武昌洪井街，也是校本部。1928年，湖北省立第一女子中学第二部的高中师范科独立出来，建立湖北省立女子师范学校。

粮道街辖区还有一所私立女子学校，即滋兰女学校。1909年，时象晋在武昌棋盘街创办。该校开办后“颇著成效”，时象晋又在家乡枝江县江口再开办一所。

近代湖北享誉全国的中学：湖北省立第一中学校

在近代，湖北中学历史之长、影响之大者，当属湖北省立第一中学校。

提到近代教育必然回首张之洞督鄂时代。张之洞是湖北教育近代化的奠基人，建立了湖北近代教育体系——普通教育、实业教育、师范教育、专门教育自成体系，十分完整。在普通教育中，学前教育、基础教育、高等教育相互贯通。在基础教育史上，1903 年建立的文普通中学堂具有标志性意义——它是湖北近代中等教育之始，位于武昌大朝街口三佛阁，有教室 10 余间，并建有寝室、浴室、饭堂、操场等设施。学校最初招收 15 ～ 24 岁的秀才，后改为高等小学毕业生，学额 240 名。学校开设 12 门课程，学制 4 年，后改为 5 年，生源来自湘、鄂两省，以鄂生为主。辛亥革命前，学校停办。宋教仁、董必武、黄侃、田桐等近代风云人物毕业于此。

湖北省立第一中学校就可以追溯到该校。1909 年，湖北第二文普通中学堂建立于昙华林。与文普通中学堂相比，该校课程偏重理科，1910 年，学生规模达 275 人，教员 25 人，职员 5 人。武昌起义后，因受战争影响，和武汉其他学校一样，该校停办。

1912 年，民国肇建，武昌各校开始恢复。湖北第二文普通中学堂与文普通中学堂合并为湖北省立第一中学校，办学地点在昙华林。昙华林位于武昌城东北角，在秀丽的城山螃蟹甲下，风景优美，环境幽静，是理想的办学之所。

学校多次整合、多次易名，从开办到西迁，前后历经 14 任校长。1938 年 6 月，武汉会战打响，日寇进逼，学校西迁至湖北建始县三里坝，易名省立第六高级中学。抗战胜利后，1946 年，学校迁回原址，改为湖北省立第一初级中学。1949 年，更名为湖北省武昌高级中学，1952 年，并入私立文学中学等校，易名湖北省武昌第一中学。1960 年，改为武汉大学附属中学。1963 年定名为武汉市第十四中学。武汉市第十四中学是湖北省首批重点中学、省级示范高中、湖北省文明校园、湖北省红色资源特色学校、武汉市高中特色学校、武汉市国际理解教育示范学校、全国青少年校园足球特色学校。

在 120 年办学历史中，学校培养了大批英才，著名的有文学家黄钢（黄负生之子）、严文井，经济学家、教育家王亚南，发展经济学奠基人张培刚，中国工程院院士胡正寰，原中国运载火箭技术研究院院长沈辛荪，中国科学院物理学家赵保恒，演员朱一龙。

湖北省立第一中学校是一所具有光荣革命传统的红色学校。在中国共产党创立前后，该校历经新文化运动、五四运动、马克思主义传播、中共湖北组织的创建等重大事件，是湖北党团组织活动基地，涌现出陈潭秋、娄敏修等一批早期共产党人和进步青年。陈潭秋于 1912 年考入该校，后又曾在该校任教，传播马克思主义；娄敏修于 1920 年考入该校，1923 年毕业，加入中国共产党，毕业后回湖北沔阳从事农民运动，是沔阳党组织的创始人，大革命失败后，参与创建洪湖革命根据地，1930 年牺牲；吕新塔于 1924 年考入该校，加入中国共产党，毕业后从事革命，曾任中共黄梅县委宣传部长，1927 年大革命失败，次年牺牲；共产党员刘季良于 1926 年任该校校长，以合法身份宣传马克思主义，发展进步师生加入党团组织，1927 年，大革命失败，刘季良被捕，他坚贞不屈，被国民党杀害。

20 世纪 30 年代，中国共产党在学校秘密建立基层党组织，积极组织“一二·九”爱国学生运动。革命烈士陈以文 30 年代就入校学习，毕业后从事学生运动和农民运动，1948 年被捕，被关押在重庆渣滓洞，次年牺牲于重庆歌乐山；30 年代入校的还有鄂豫边区根据地的开创者之一杨学诚，他曾任中共湖北省委委员兼青委书记、中共鄂中特委书记、鄂豫边区行政公署副主席等职，

1944 年，因公病逝于大悟山革命根据地。

抗战时期，国共合作。为了领导抗日救亡文化工作，时任国民政府军事委员会政治部副主任的周恩来领导建立第三厅，以郭沫若为厅长，掀起了声势浩大的抗战文化的巨浪。第三厅就设在昙华林，校园东端至今还保留着第三厅的办公楼。2008 年，该建筑被确立为省级重点文物保护单位。2021 年 6 月，军事委员会政治部第三厅旧址纪念馆开馆。

不在黄冈的黄冈中学——启黄中学

在近代，启黄中学几乎无人不晓。“启”是“启发”——开启智慧的意思，“黄”是“黄冈”，启黄中学是黄冈人开办的面向黄冈子弟的中学，但是，如同荆南中学不在荆州一样，启黄中学也不在黄冈，它位于武昌粮道街的朱家巷。粮道街是武昌文脉之区，除了本地学校，在外地招生的学校不少也选择了这里，目的是利用这里的优质资源，主要是师资。

启黄中学创建于清末，当时，黄冈府中学堂被撤销后，黄冈府没有一所中学，有识之士心急如焚，便在武昌创建启黄中学，面向黄冈招生，为家乡培养中等文化程度的人才。当时，黄冈府包括黄冈县、蕲春县、红安县等八县，英山县隶属安徽省，新洲隶属黄冈县。学校办学经费来自黄冈府籍的大官僚、大商人，如萧耀南、方本仁等。各县在附近设立学生公寓，雇佣厨师，照料学生起居，学生不需要缴纳学费，生活费自理。后来，生源也不限地域，但还是以黄冈籍为主。

1926 年 9 月，北伐军打到武汉，启黄中学停办，直到 1927 年大革命失败，学校校舍被教育厅占用，教育厅在此地建立湖北省立第三小学。

1932 年冬，启黄中学筹备复校。黄冈籍名人孔庚起到了关键作用。孔庚是湖北浠水人，曾留学日本，加入同盟会，是辛亥革命的元老，民国时期是湖北政界、军界风云人物。他和时任湖北省建设厅厅长的方达智等人在湖北省立第三小学对面菱湖中学校园内，租借部分房屋，重新开办启黄中学，方达智任校长。次年，正式招收初中生，后增设高中部。

学校师资雄厚，教师多系名流，人才培养质量较高。学校学风纯正，学生建立了读书研究团等社团，读书研究团每周开一次会，共同讨论学习中的问题。在教育厅举办的演讲比赛和作文竞赛中，该校多次获得银质奖章。在教育厅组织的会考中，成绩也位居前列。

学校管理严格，实行军事训练，还组织学生到卓刀泉、青山等地旅行，出行队伍整齐，威武雄壮，受到教育厅表扬。

1937 年 7 月 7 日，抗日战争全面爆发，1938 年 6 月，武汉会战打响。在此之前，武汉遭到日军空袭。在举世闻名的西迁中，启黄中学 800 多名师生被迫转移到黄冈县团风镇（今团风县），借用铁佛寺办学。1938 年春，启黄中学被迫停招高中部。1938 年夏，日军迫近江西九江，启黄中学被迫停办。

抗战胜利后，1946 年春，启黄中学再次在武昌粮道街朱家巷复校，招生初中生。此时，董事长是孔庚，校长是徐会之。徐会之是黄冈县（今团风县）人，毕业于粮道街辖区内的湖北省立甲种工业学校，后进入黄埔军校，是秘密状态下的共产党员，解放战争时期曾任汉口特别市市长。

1949 年 10 月以后，私立学校一律停办，启黄中学的历史宣告结束。

启黄中学是一所进步的学校。

在党的创立时期和早期，启黄中学就涌现一批中国共产党党员。启黄中学邻近武汉中学、中华大学，受其影响较大。受恽代英启智图书室的启发，启黄中学进步学生建立了启黄图书室，组织仁社，向学生提供进步书刊。早期马克思主义者陈潭秋、董必武、陈荫林等人曾在该校执教，特别是党的创始人之一董必武兼任启黄中学教师和训育主任后，加强了对学生的引导。在湖北党组织的教育、指导下，启黄中学有 20 多人加入中国共产党，如创建麻城党组织的蔡济璜、刘文蔚，创建阳新党组织的曹大骏等人。1922 年，李汉俊等人在启黄中学举办妇女暑期补习班，为湖北省立女子师范学校在学潮中被开除的女生补习文化。夏之栩、徐全直、李文宜等在此接受了马克思主义理论的辅导，董必武、李汉俊、邓中夏等人在这里为她们上课。

抗日战争时期，启黄中学学生在团风通过创办刊物、举办墙报、散发传单、举行文艺表演等方式，宣传抗日救亡思想。他们还联合各校学生和各界人士，建立了抗日救亡工作团，在团风城乡开展宣传鼓动。

解放战争时期，武昌进步学生建立读书会。读书会以启黄中学学生为基础，在党的领导下，从事反对内战等反对美、蒋反动派的活动，有力地支持了人民解放战争。读书会实际上是党的外围组织。

启黄中学培养了大批人才，不少在近代中国产生了很大的影响。除了一批早期共产党人外，还有著名诗人废名（原名冯文炳）、文艺评论家胡风等。

荆州府在粮道街兴办的中学——荆南中学

荆南中学是一所特色极为鲜明的中学：第一，它是荆州府所属七县创办，但学校并不在荆州，而是在武昌粮道街。第二，它的办学质量很高，享有很高的声誉。第三，它是人才的摇篮，仅中共早期（1927 年前）就有 10 多名学生加入中国共产党。第四，它位于武昌牙厘局街，街道后来因它更名为荆南街。

荆南中学是"私立武昌荆南中学校"的简称，因秦朝时荆州属于南郡，故名荆南中学。其创办时间有 1912 年、1904 年、1909 年、1918 年四种说法，1829 年，湖北省政府教育厅编辑的《湖北教育现况》则说是 1917 年，这是第五种说法，这种说法追溯到清朝光绪末年："清光绪季年，旧荆州七县旅省同人时象晋先生等创立荆南预备中学，民国时改办英语专校。丁巳秋以荆南中学呈部备案。"[①] 丁巳年即 1917 年。该校最早位于黄土坡（今首义路），在粮道街改称荆南中学，即原武昌牙厘局街。荆州府属七县是江陵、公安、石首、监利、松滋、枝江、宜都，创办人是七县旅居省城的同乡人士，创办目的是为荆州培养人才。学校经费最初来自本府存在省里的一笔款项。学校设置初级、高级中学，先从初级开始招生，"以培养青年期内应有之知识，增进身心之健康，严密公民之训练，作升学及从事普通职业之预备为宗旨"。[②]

荆南中学组成董事会，由各县每县 3 人组成，为学校最高权力机关，每届

---

① 湖北省政府教育厅编审股：《湖北教育现况之"三省教育状况"》，1930年编印，第58页。

② 刘云舟主编：《宜都二中校史（1912—2012）》，宜都市长青彩印有限公司2012年印，第6页。

任期两年。张继煦任董事长，时象晋任校长，张本嵚任训育主任。张继煦（1876—1955），又名张勋，号春霆，湖北枝江人，著名的教育家，早年留学日本，曾任湖北省学务公所实业科长、湖北省立第一师范学校校长、教育部视学、普通教育司司长、代理总长、安徽省教育厅厅长等职。时象晋（1854—1926），字樾皆，湖北枝江人，著名的教育家，早年曾赴日考察教育，后创办了枝江高等小学堂、滋兰女学堂（武昌），并在存古学堂、两湖师范学堂、湖北中等工业学堂等校任教。这两位都是有名的教育家。

张继煦

荆南中学师资雄厚，管理严格，教学有方，享有很高的声誉。学校注重教学质量，建立了各科研究会；学校注重课外活动，建立学术演讲会、游艺会等；学校注重体格锻炼，建立了体育会。1935 年，荆南中学参加毕业会考，名列全省第一。

1937 年 7 月 7 日，日本帝国主义发动七七事变，抗日战争全面爆发。日寇占领上海前后，中国政府、学校、工厂等开始西迁。在隆隆炮火中，荆南中学西迁至湖北省枝江县。1941 年，更名为枝江县立中学。1943 年 5 月，日军逼近枝江，学校继续西迁至恩施。7 月，日军撤退，学校又迁回枝江。在敌人炮火中，学校艰难办学。抗战胜利后，西迁各校纷纷回迁，但枝江中学没有迁回武昌，而是继续在枝江办学。

中华人民共和国成立后，由于行政区划的变更，枝江、宜都分县，原枝江中学所在地枝城划归宜都县，枝江中学更名为宜都县第二中学。

荆南中学富有爱国主义和革命传统。早年的创始人张继煦、时象晋在辛亥革命时期，曾加入中国同盟会，具有革命思想，他们注重对学生进行爱国教育和革命思想教育。时象晋所作校歌唱道："江汉荡荡，荆山苍苍；三大革命，肇自楚疆；少年立志，蔚为国光；勖哉多士，永矢不忘。"[1] 学生关心国家命运，积

① 朱心植：《杏坛映春晖，桃李满天下——宜都二中的 87 年》，宜都市政协文史委、宜都市教育局合编：《宜都文史资料》第 12 辑，2001 年编印，第 116 页。

极参加五四运动、“一二·九”运动等进步活动，积极接受新思想、新文化。在1919年武汉五四运动中，学校就有多名学生因参加爱国运动被捕。荆南中学在粮道街区域，粮道街是党的创建基地，董必武、陈潭秋在粮道街从事马克思主义宣传和党团组织的创建与发展，把革命火种播撒进荆南中学。据统计，1927年前在荆南中学成长为中共党员的学子至少有15人，如魏人镜、龚南轩、刘崇龙、王子英、陈克昌等人，董必武、陈潭秋是主要入党介绍人。所以荆南中学与粮道街的中华大学、武汉中学、湖北省立第一中学、湖北省立甲种工业学校、启黄中学一样，是一所红色的学校，这就凸显出粮道街浓墨重彩的红色底色。

百年历史的特殊教育学校
——武汉市盲童学校

在武汉市洪山区石牌岭一条小路上，有一所特殊的学校——武汉市盲童学校，不经意间，这所学校已走过了104年的岁月，不过，其动荡而艰苦的30年是在粮道街度过的，直到从这条街上搬走，其守在这条老街40多年了。

近代中国内忧外患，战乱连绵，经济凋敝，民不聊生，教育发展缓慢，更遑论特殊教育了。据统计，截至1949年，湖北全省仅有5所特殊教育学校，即1919年创办的私立武昌瞽目女子学校、1932年创办的私立武昌瑞英聋哑学校、1946年创办的私立汉口福音聋哑学校、1946年创办的私立汉口四知聋哑学校、以及1934年创办的私立宜昌盲聋哑学校。其中，武昌瞽目女子学校开办最早。当然，武昌瞽目女子学校并不是湖北最早的特殊教育学校，但它是开办历史最长的学校。早在1888年，英国传教士大卫·希尔（中文名李修善）就在汉口创办了汉口训盲书院，这才是湖北最早的特殊教育学校，可惜，1938年，在日本轰炸武汉时被夷为平地，学校因此而停办。

武昌瞽目女子学校的创始人是美籍瑞典传教士艾瑞英。艾瑞英（1870—1952），英文名是爱玛·夏洛特·艾克（Emma Charlotte Eck）。1888年，艾瑞英立志成为传教士，去中国传教。1891年，作为内地会传教士，第一次到中国传教，此后，又先后五次来到中国，在华传教达57年之久，她在湖北先后创办武昌瞽目女子学校和武昌瑞英聋哑学校（1932年创办于粮道街，今武汉市第二聋哑学校）。1915 年，艾瑞英第三次来到中国时，被宣道会派往武汉，开始了在武汉 30 年的宣教生涯。1919 年春，一个瘦小的小女孩来武昌宣道会乞讨，她听说这个中国小孩悲惨的遭遇后，动了恻隐之心，决心帮助这些可怜的小孩。

艾瑞英

1919 年 12 月 8 日，在教会人士的帮助下，艾瑞英在武昌大朝街创办武昌瞽目女子学校，艾瑞英任校长。学校是武昌基督教宣道会所办，属于私立性质，初办时学生仅 4 人，教师 1 人，后学生增加到 50 人，专收 8 ～ 12 岁女盲童。课程设国文、数学、自然常识、历史、地理、音乐、体育、儿童卫生、圣经等课。圣经课定为必修课，是核心课程。学校规定每逢星期日学生必须参加教会的礼拜活动。每个主日的清晨，女盲童穿戴整齐，按高矮次序排成一队，后面的学生把一只手搭在前面同学的肩上，安静有序地前行。女盲童除学习文化课程之外，还学习编织等手工工艺，参加去医院、社区的传道活动。学校规定学生找到工作后才能离校，目的是避免其生活没有着落。

1924 年春，武昌瞽目女子学校迁至武昌粮道街 38 号，此时，校园面积仅 924 平方米，校舍面积也仅 317 平方米。1926 年出版的《武汉快览》记载，学校校名是协和瞽目女学校，地点在涵三宫。1929 年至 1932 年，学校曾开办过一期初中班，1940 年曾办过一期手工班。

1937 年 7 月 7 日抗战全面爆发，1938 年春，日机轰炸武汉，校长艾瑞英利用宣道会地下室收容不少难民。1940 年，艾瑞英回美国，学校托付给美国圣公会女宣教士施玉德。1942 年，中国籍教会人士刘惠芳女士接手办理。刘惠芳是首任中国籍校长，她带领师生在战争中辗转武汉三镇，克服困难，坚持办学。

刘惠芳（1910—1972），湖北孝感人，基督教家庭出身，毕业于武昌一所教会大学——华中大学。后在武昌瞽目女子学校工作，一辈子献身于湖北特殊教育。1948 年，曾赴美国麻省波士顿盲人学院研习盲童教育，1949 年，她听说中华人民共和国成立的消息，于1950年提前回国，投身于特殊教育，历任武昌瞽目学校校长、武汉市盲童学校校长。

在旧中国，特殊教育发展缓慢，水平十分落后。据统计，截至1936年9月，中国盲人教育学校仅22所。1938年3月，发展到40所，人数为2322人，湖北仅仅只有1所，即武昌瞽目女子学校。1946年11月初，记者曾到该校采访。考察后，记者给予学校充分的肯定，认为“在教育落后的中国，对于专门教育盲哑子弟的学校，还不可多见”。[①] 在考察中，记者看到，盲女们正在编织毛衣。通过采访报道，该校一些情况逐渐为世人所知：学校是两进一楼的房子，楼下有教室、饭厅、客堂、音乐室，楼上有寝室。房屋原先比较新，后来被日军占据，房子破损比较严重。在校女盲童31人，其生活费一半靠自己工作获得，另一半靠教会人士救济。年龄大的女童毕业后找不到工作，就在学校自食其力，每天编织毛衣，年龄小的除编织毛衣，养成谋生手段外，每天还上五节课，课程标准与国民学校一样。学校教师有7名。

截至1949年，湖北全省仅有5所特殊学校，总共9班，学生105人。其中，武昌瞽目女子学校有4个班，20名女盲童，教职工15名，其中教师8人。至此，武昌瞽目女子学校办学30年，已经毕业51名女盲生。

1951年9月，学校被中国人民救济总会武汉分会接管，此后，发展步伐加快。1953年，改名为武昌瞽目学校，1956年，改名为武汉市盲童学校。1966年，迁至武昌石牌岭，结束了在粮道街办学40年的历史，校园面积也增长到14000多平方米。1960年，学校首办按摩、音乐职业班，1965年，增办篾器纺织工艺职业班，1979年，开设按摩门诊部（实习基地），1984年，开办初中班，1987年，经市教委、市卫生局批准开办按摩职业中专班，后又开设高中班。

武汉市盲童学校是湖北省唯一的一所涵盖小学、初中、高中、职业中专及面向社会视障残疾人招生的短期培训班的专业盲校，是我国办学历史最悠久的盲校之一，并形成了具有盲校特色的职业教育、康复教育、艺体教育和环境教育四大办学特色，在全国残疾人运动会多次获得金、银牌奖励，在全国残疾人

① 《瞽目女校参观记》，《神州日报》1946年11月13日第3版。

文艺调演或比赛中多次获得一、二等奖。

2019 年，武汉市盲童学校庆祝建校 100 周年，在纪念活动中，学校为艾瑞英和刘惠芳竖立了雕像。

湖北省教育会曾设于粮道街

湖北省教育会是湖北教育界的社团组织，成立于1908年6月。1901年，清政府宣布实行新政，兴办教育是新政中重要事项。为提倡新式教育，研究新式教育方法，湖北省成立湖北省教育会。

湖北省教育会地址在巡道岭原江汉书院旧址，会长是御史吴兆泰，副会长是法部主事姚晋圻，会员300人，其中不乏名流硕彦，如汤化龙、郭肇明、饶汉祥、时象晋等都是政教两界大名鼎鼎的人士。当年，该会经费收入是4399元，支出有3269元。同年，湖北大冶县、蕲州县、公安县、谷城县、长阳县、恩施县、来凤县、利川县等8县也成立了分会，此后，湖北其他各县分会也逐步建立起来。

在清末兴办教育的热潮中，湖北省教育会提出不少建设性意见，推动了湖北教育的发展。1911年10月10日，武昌起义爆发，会员星散，会务停顿，档案资料荡然无存。

1912年，民国肇建，湖北省教育会得到恢复。民国时期，湖北省教育会似乎一点都不平静，权利的角逐从来没有停止过，人事纠纷、内部倾轧充斥报端。最初由出自两湖师范学堂的人把持着，他们居于主导地位。1913年“二次革命”失败，两湖师范学堂系失势，权力落入文普通中学堂系，特别是，会长因事务繁忙而辞职后，文普通中学堂系的副会长谢石钦把持了会务。

谢石钦（1880—1956），字凤荪，号樗公，湖北随县人，1907年加入中国同盟会。1911年参加武昌起义和阳夏战争，任湖北军政府各部总稽查，是首义功臣，1913 年参加“二次革命”。1915 年任湖北省教育会会长。

谢石钦任人唯亲，一意孤行，使得教育会内斗不休，怨声载道。1915 年，谢石钦居然倒行逆施，将经费资助筹安会，并任筹安会湖北分会副会长，支持袁世凯复辟帝制的活动。教育界人士多次要求改选教育会，但谢石钦拒不按时改选，并控制着公章。1917 年夏，湖北教育界进步人士刘洪烈、时象晋、陈时、郭肇明等人出面组织新的教育会，但因为互相猜忌，悬而未决。不久，湖南战事发生，岳州被攻破，武汉岌岌可危，改组无形中停顿下来。1919 年春，教育部明令要求湖北改选省教育会。省政府下令组织筹备会。但是，来自法政系的刘某醉心于会长一职，怂恿谢石钦余党另组筹备处，省政府虽出面调停，但无济于事。湖北教育界纷争不已，教育会再次流产。

湖北教育会内耗不已，一波三折，早已名声在外。《申报》《时报》《时事新闻》《益世报》等主要媒体都有报道，其标题就具有轰动性，如《湖北教育界之大波澜》《鄂省教育会暗潮未已》《鄂教育界之新趣史》等。

由于谢石钦胡作非为，官方宣布解散教育会，但谢石钦仍以教育会名义开展活动。实际上教育会的工作已经处于无形停顿状态。

1920 年，董必武等人就在停顿的教育会西北角开设私立武汉中学，这里曾是晚清张之洞创设的支郡师范学堂甲、丙堂旧址。在办学同时，董必武等人参加了反对以谢石钦为代表的旧教育会把持湖北教育界的斗争。他发起成立湖北教育工作者大会，揭露湖北省旧教育会的弊端和会长谢石钦侵吞公款的罪行，决定每府派 1 名代表，筹备改组省教育会。谢石钦指使其弟控告董必武、张国恩、黄负生等“污蔑名誉，妨害秩序”。11 月，董必武出席武昌地方检察厅预审，在庭审中，董必武进一步揭露了谢石钦的丑恶嘴脸，获得胜诉。

在董必武等人组织下，1921 年 10 月，50 多个学校教职员建立湖北省教育职员联合会，以代替旧教育会的职权。他们还反对谢石钦为军阀王占元张目，王占元是湖北督军，1914 年，他开始把持湖北，横征暴敛，钳制舆论，镇压爱国运动，无恶不作。1921 年，他被驱逐离汉。

虽然王占元下野了，但教育会内部纷争并未停止。1922 年 10 月 7 日，《时事新闻》报道说，教育会内各委员会均未成立，“停顿原因，即系意见之纷歧云”。[①] 而且，前会长谢石钦依然拒不交出湖北省教育会公章，以至于 1922 年 11 月 20 日，湖北教职员代表 30 人赴省政府请愿，要求省政府责令其交出，结果，不了了之。

1923 年，谢石钦被任命为湖北省实业厅厅长，教育界又派出 20 人赴实业厅索取公章。慑于强烈的抗议声，谢石钦不得已交出。1923 年 5 月 13 日，停顿数年之久的官办湖北省教育会终于恢复，鉴于以前会长谢石钦专权的教训，改会长制为委员会制。同时，又鉴于选举作弊、争权夺利的教训，由教育厅厅长抽签决定方振铎、毛家骐为正副会长，干事 10 人也由教育厅厅长抽签决定。复会后的会址仍然设在位于巡道岭的老教育会的东苑房屋。

以董必武为代表的进步人士反对官办教育会。1923 年秋，董必武组织召开教育界代表大会，向湖北当局提出改组教育会，推选吴德峰等为委员，组成新的教育会。

1926 年，北伐军兵临武昌，湖北省教育会再次陷入停顿，而省教育会旧址不久也变成湖北省立第三小学校园，结束了湖北省教育会设在粮道街的历史。

直到 1930 年，黄建中担任湖北省教育厅厅长时，复会又被提上议事日程。1932 年，教育厅出面召开教职员代表大会，经过多次磋商，选举陈时等理事 9 人，候补理事 3 人，监事 5 人，候补监事 1 人，组成新的湖北省教育会。理事会、监事会被武昌高师派和省立一师派控制。因原省教育会旧址已设省立第三小学，会址便暂设武昌县教育会（位于大观山），不久迁入蛇山奥略楼张公祠内。1934 年，湖北省教育会换届，组成第二届理事会、监事会。此次选举权操之于武昌高师派和省立一师派手中，但国民党实行控制，中央俱乐部（又称 CC 派，主要分布在国民党中央党务部门，尤其是组织部、中统、地方各级党部和教育系统的一个政治派系）在理事会中占上风，复兴社在监事会中占上风。

抗战时期，湖北省教育会西迁恩施，1946 年，回迁武昌，改选第二届理事会、监事会，成立第三届教育会。

湖北省教育会存在半个世纪，直到中华人民共和国建立。

①《鄂教育会之悲观》,《时事新报》1922 年 10 月 7 日第 4 版。

粮道街与近代学术

Liang Dao Jie Yu Jin Dai Xue Shu

粮道街是晚清民国湖北学术、思想中心

在晚清、民国相当长的一段时期，粮道街都是湖北学术、思想中心。

抗战前，湖北高等学校仍属寥寥，仅有武汉大学、中华大学、华中大学、湖北省立教育学院、武昌文华图书馆学专科学校、武昌艺术专门学校等数所。其中，中华大学、华中大学、武昌文华图书馆学专科学校位于粮道街，粮道街是高等教育集中度最高的区域。而华中大学、中华大学又是湖北最早的两所大学。如前所述，世界文化名人来到武汉就必然来到粮道街，粮道街是湖北乃至全国学术、思想交流的前沿和中心，一大批学者和名流曾来到粮道街讲学。据不完全统计，来此讲学或演讲的有：

1916 年，中华大学，月霞法师讲学；汤化龙演讲。

1917 年，中华大学，3 月，凌道扬演讲。5 月，余日章演讲；月霞法师演讲《大乘起信论》。

1919 年，4 月，中华大学附中，余启珊演讲《小学训育》。10 月，中华大学，王光祈演讲《动的训练》。

1920 年，文华大学，韦卓民演讲《留美之美工与中华基督教会前途之关系》；陈独秀演讲《社会改造的方法与信仰》《知识青年的情感教育问题》。

1921 年，文华大学毕业演说，李隐尘演讲；北美考察教育团演讲。

1922 年，中华大学，康有为、梁启超、章太炎、黄侃、蔡元培、辜鸿铭、黄炎培、蒋百里等 20 余人讲学；世界学生同盟考察并演讲。

1923 年，中华大学，慧空李润生演讲佛法；李大钊演讲《现在世界四种妇女运动之潮流及性质，并中国妇女运动之方法》；肖耀南演讲；张镕西演讲；何东演讲。

1924 年，中华大学，康有为演讲《大同主义与人道》；康纪鸿演讲；马寅初演讲。

1924 年，文华大学，杜定友演讲图书馆学。

1925 年，中华大学，章太炎演讲国学。

1927 年，文华大学，徐谦演讲《革命之精神》。

1929 年，文华图书馆学专科学校，王宠佑演讲《工程学书之分类及其管理》；林澄海演讲《现代社会问题》；杜纲柏演讲《古书辨伪》；周鲠生演讲《国际联盟及研究书目》；时召瀛演讲《中国外交关系书目》；燕树棠演讲《法学及法学之分类》；陈西滢演讲《近代文学之趋势》；陈友松演讲《图书馆使用法》。

1929 年，中华大学，王世杰演讲《私立大学在中国教育界之地位》；周鲠生演讲《民族主义》；余日章演讲《太平洋国民外交谈论会与中国》。

1930 年，武昌文华图书馆学专科学校，闻一多演讲《唐代的文学》；曾定夫演讲《公共卫生及书目》；杜定友演讲《新目录学之建设论》。

1932 年，中华大学，蔡元培演讲《科学救国》。

1932 年，华中大学、武昌文华图书馆学专科学校，蔡元培演讲《文理及教育学院之学制与欧洲古代学制结合》。

1934 年，武昌文华图书馆学专科学校，中华大学教务长严士佳演讲《中国职业问题》。

1936 年，中华大学，居正演讲《青年救国之途径》。

1937 年，华中大学，陈启天演讲《抗战的教训与中国的生机》；陈独秀演讲《抗日战争的意义》。

1938 年，中华大学，张君劢演讲《理智与救国》；冯玉祥演讲；陈立夫演讲。

1940 年，中华大学（西迁重庆），郭沫若、邹韬奋、邓初民、杨杰、陶行知讲学。

1949 年，中华大学、华中大学，李书城、李伯刚演讲中原的形势，土地改革与妇女状况。

当然，中等教育也是学术、思想交流的重要平台。例如，1937年1月7日，武汉大学学者王星拱在湖北省立第一中学演讲，题目是《读书的兴趣》。他从伦理学、教育学、学习功课的具体问题三个方面进行了阐述。相对而言，中学举办的演讲或学术报告可能会少一些，但目前还缺乏统计数据。

徐謙演講 革命之精神（在文華大學）

上海社譯英文楚報云、上星期六、徐謙博士、應武昌文華大學校長之召、前往參觀、是日下午該校中學學生自治會、開歡迎會、徐博士演說革命之精神、略云、中國革命已多次、今乃眞正之人民革命、中國今日、已處於存亡交叉之路、欲求生存、惟有革命、革命固須破壞與犧牲、然破壞之後、自有正當之建設、爲人民造福、今之國民政府、卽建設之機關也、吾人所處時代、非速求進步不可、吾人之革命、卽爲進步、譬如旅行人、昔知以飛機爲最速、此次自粵至漢、舊式之交通需十九日、鄧演達乘飛機則七小時、於此可見進步之幾點、吾人今日之革命、係代表全國、且與世界有關、不獨政治方面、而於社會經濟、皆有關係者也、至於教會學校之受人攻擊、大半因不遵守教育部定章、要知教育爲全國之命脈、當由政府操縱之、不能任外人之處理、因此深望教會學校、明瞭此節、則反對者自安、然教會之辦學校、吾固不反對之、學生方面、亦望努力在革命上工作云、

所謂鐵甲車膠東號者

靑島通信云、第八軍在靑島四方機廠新製之鐵甲車膠東號、業於日前完工、該車由四方機廠開出後、經鐵甲車副指揮趙子貞帶領開始試驗由四方開至城陽、後由城陽開回靑島、機械靈捷異常、速度亦較普通車加快、試驗之成績、極屬優良、又該鐵甲車內部之組織、係用鋼鐵和洋灰製成、共分四層、外層鋼皮厚一寸、中層洋灰厚二寸、內層鋼皮厚一寸、再內層木板厚一寸五分、共厚六寸五分、槍砲彈均不易穿入、製造非常堅固、該車共計七輛、炮車二輛、上裝鋼砲八尊、機關槍車二輛、上裝機關槍十架、士兵車二輛、兩面可排步槍十支、官長車一輛、可按手提機關槍四十五架、又有探險車一輛、專在鐵甲車前面開以供探險之用、

《民国日报》1927年12月29日报道

上述演讲或讲学可分为时政类和学术类，总数在近百场。其中，绝大多数都有报道，但报道十分简略。少数的记载还比较详细。如1932年蔡元培在中华大学的演讲。1932年5月24日，教育家、原北大校长、国民政府教育总长蔡元培来到武汉，28日，在中华大学发表演讲，陪同的有李四光、王世杰等人。这是纪念中华大学建校20周年的活动之一。蔡元培演讲的题目是《科学救国》。他不仅主张奋起抵抗日寇侵略，而且提出：发展经济，修明政治，巩固国防；进行心理建设，发扬大中华民族的精神。演讲时，他以日军侵略东北和上海为例，揭露日寇罪行，号召抗击侵略。中华大学师生兴致很高，可容纳1000人的礼堂被挤得水泄不通。其后，蔡元培前往华中大学及武昌文华图书馆学专科学校，

蔡元培

演讲《文理及教育学院之学制与欧洲古代学制结合》，次日离开武汉，前往江西九江。

有的报刊甚至登载了演讲全文，如 1923 年李大钊在中华大学的演讲、1937 年陈独秀在华中大学的演讲、1938 年张君劢在中华大学的演讲等。

中国公共图书馆和图书馆学专业、图书馆学学校的发源地

中国公共图书馆和图书馆学专业、图书馆学学校发源地都在武昌粮道街区域。

1871年，美国圣公会在粮道街区域的花园山建立文华书院，这是一所寄宿学校，规模很小，教学内容是儒家经典和基督教教义，后来发展为新式学校，规模也日渐扩大。1903年，开始办专科，1909年，更名为文华大学。经与长沙雅礼大学、岳阳湖滨大学等学校整合，1924年更名为华中大学。

韦棣华

1901年，韦棣华在校园内的八角亭开办了一个小型图书阅览室，这是文华公书林的前身。韦棣华（1861—1931），美国纽约州人，毕业于波士顿西蒙女子学院图书馆学专科，曾任里奇蒙德图书馆馆长。1900年，韦棣华来华探亲，她的胞弟韦德生在文华书院任职。不久，她留在文华书院，任英文教习。韦棣华来华目的是探亲，未曾想留下任教，更

未曾想把西方近代图书馆学和图书馆也带来了中国。她先建立图书阅览室，从美国争取捐赠 3000 册图书。

后来，韦棣华又募集资金，准备建立一座公共图书馆。1906 年，她返回美国，募集资金 1 万美元和图书 3000 册。经过不断努力，1910 年 5 月，文华公书林落成，对外免费开放，韦棣华任馆长，沈祖荣任协理。这是中国第一座公共图书馆。其主体建筑外观是古希腊风格，内部则是中国风格。文华公书林设有编目室、参考室、阅览室、报纸杂志室、书库、孙公纪念室（专藏商学书籍）、罗瑟纪念室（专藏西文书籍）、博物古物陈列室、实习室、图书馆学研究室、斯托克斯大厅（以捐款人纽约慈善家斯托克斯名字命名）。1918 年有中文图书 1012 种 11771 册，西文图书 6704 册。1934 年，有图书 48208 册。1937 年，有中英文图书 45800 多册，杂志 458 种 4310 余册。所有图书均按照麦维尔·杜威十进分类法排列，向公众免费开放。实际上，文华公书林承担了中华大学、文华图书馆学专科学校、公共图书馆三个图书馆的功能。

文华公书林

韦棣华率先在中国开办图书馆学专业。她认为中国民智未开的原因之一是缺乏图书馆，而办图书馆就需要图书馆学专门人才，因此，1914 年和 1917 年，她先后资助沈祖荣和胡庆生赴美国，研习图书馆学。沈、胡两人学成归国后，于 1920 年协助韦棣华在文华大学创办图书馆学系，后改称图书科，韦棣华任图书科主任，这是中国近代图书馆学教育的发端。

按照美国纽约公共图书馆学校的制度，文华大学图书科从文华大学的大学本科二年级学生中招生，学生兼修图书馆学课程，本科毕业时颁发本科毕业证书和图书馆学专科毕业证书。

1927 年，武汉形势严峻，政局急剧变化，华中大学停办，但文华图书科则继续办学，并积极争取从华中大学独立出来。1929 年，经国民政府教育部批准立案，文华图书科独立出来，命名为私立武昌文华图书馆学专科学校。这是中国第一所图书馆学高等学校。1931 年，韦棣华逝世，武昌文华图书馆学专科学校在沈祖荣、胡庆生等人的主持下进一步发展。

1937 年 7 月，抗战全面爆发，1938 年 6 月，日寇逼近武汉，中国军队、政府、工厂、学校等纷纷西迁，武昌文华图书馆学专科学校迁往重庆，在严酷的战争环境中艰辛办学，薪火不息。1940 年，学校设立档案管理专科专业，这是中国近代第一个档案管理专业。

1945 年 8 月，日本投降。1946 年，武昌文华图书馆学专科学校回迁武昌，在崇福山新址继续办学，3 月开学。1947 年，录取学生近百人。

1949 年 10 月 1 日，中华人民共和国成立。1951 年，武昌文华图书馆学专科学校被中央文化部接管，由中南军政委员会教育部代管，任命王自申为校长，甘莲笙和沈祖荣为副校长。1953 年，全国高校进行院系调整，武昌文华图书馆学专科学校被并入武汉大学，成为武汉大学图书馆学专修科。1956 年改制为武汉大学图书馆学系，开始招收本科生，1984 年更名为武汉大学图书情报学院，2001 年更名为武汉大学信息管理学院。截至 2023 年，该院已有 103 年的历史。

晚清我国内地图书出版和销售中心

鸦片战争之后，中国战乱不断，社会动荡，尤其是长达十多年的太平天国运动，对地方文教产生很大冲击，粮道街辖区不少庙宇祠堂就遭到破坏。如昙华林原本是一座庙，后来毁于兵燹。太平天国被镇压后不久，为重兴文教，各地相继设立官书局，刊印书籍，官刻书籍逐渐出现中兴气象。特别是 1867 年 6 月 3 日，同治皇帝谕令，各省刊刻书籍，振兴文教。之后，各地掀起了筹设官书局的热潮。

湖北设置官方书局比一般省份早。1859 年，湖北巡抚胡林翼在武昌开设书局，从《左传》《通鉴》《明史》等书中摘录军事内容，纂辑《读史兵略》，次年辑成。同时还拟刊印《水经注图》《大清一统中外舆图》等。此举出于军事需要，主要是为了镇压太平天国农民运动。

1867 年 11 月 10 日，湖广总督李瀚章、湖北巡抚曾国荃奉上谕，在武昌设立湖北官书局，局址位于武昌候补街正觉寺内，就在今粮道街辖区。不久，又将湖北绅耆原设之崇文书局收并在内，因此湖北官书局又称崇文书局。

官书局管理层级分明，书籍刊印有总纂，事务总管为提调，下设校勘，以候补官员、儒生充用。湖北官书局委候补道张炳堃、候选道胡凤丹为经理。在湖北官书局历史上，胡凤丹是一位重要人物。

胡凤丹，字月樵，浙江永康人。1856 年以贡生任兵部员外郎，1866 为候选道，客居武昌正觉寺，为湖广总督李瀚章、湖北巡抚曾国荃延请，经理湖北官书局。当时，正觉寺破败不堪，胡凤丹和寺僧筹资重修后，于寺中辟屋为官书局，初建瓦屋数十间，后来椠板日多，又添造书楼四所。胡凤丹主持书局期间，刻书已达237种，约占湖北官书局出版图书总量的七成。早期经理崇文书局的除胡凤丹之外，还有张炳堃、沈棠溪等人。

湖北官书局的宗旨是“凡一切有用之载籍，补残而印，求善而刻，不惜乎度支之繁费也”。[①] 所以，开支很大。1870年，李瀚章曾以“绅督官佐制”方式经营官书局。张之洞督鄂后，对湖北官书局支持的力度很大，每年由善后局拨款4000两银充作经费，他还拨银4000两，购买了《湖北丛书》板片，交付湖北官书局。

1901年后，湖北官书局开始由盛转衰。张之洞对出版非常重视，给湖北官书局支持的力度也很大，为何转衰了呢？因为，全国举办新政，兴办学堂需要大量西方书籍，各地纷纷设立译书局，翻译西学书籍，这对于以刻印传统经史子集为主要内容、以兴儒崇文为宗旨的湖北官书局来说，是一次沉重的打击，由此衰败下去是历史的必然。进入民国之后，湖北官书局经营更加困难，因成本增加很快，亏损较为严重。为节省经费，崇文书局改为经理官书处。刊印的书籍，署名“湖北官书处”或“湖北官书局”。1912年，经理官书处由正觉寺迁到武昌巡道岭（今粮道街东段）。1926年10月，北伐军克复武昌，书局营业一度停止，次年又恢复。1936年6月，官书处旧址改为湖北省图书馆崇文书局保管处，不再经营书籍，有着70年历史的崇文书局宣告终结。

湖北官书局在书籍刊刻、文化传播方面做出了巨大贡献。1933年，据不完全统计，湖北官书局刊刻出版图书332种，其中经部50种，史部54种，子部76种，集部54种，杂著24种，丛书74种。诸子之书数量位列各省官书局之首。而刻书的种类，在清末数十家官书局中，可与浙江书局、广雅书局相颉颃。

创办之初期，经史典籍是局刻的重点，以史部为例，刊刻的有《新五代史》《旧五代史》和《明史》三种，后又陆续刊印汲古阁本《新五代史》、武英殿本《旧五代史》《明史》等。医书也不少，有《徐氏医书六种》《沈氏尊生书五种》等20余种。子部书籍中最有名的是1875年刻成的《子书百家》，汇辑了先秦

① 湖北省地方志编纂委员会：《湖北省志·新闻出版（下）》，湖北人民出版社1995年版，第13页。

至明代子部著作 100 种，其中儒家 23 种，兵家 10 种，法家 6 种，农家 1 种，术数家 2 种，杂家 28 种，小说家杂事类 3 种，小说家异闻类 13 种，道家 14 种。崇文书局后期，开始重视西学书籍出版，编译了自然科学书籍和新式教材。湖北武备学堂编译的《湖北武学》（20 种），即由崇文书局刊印，清政府兵部索取该书作为开办兵学馆的教材。《经心书院集》《经心书院续集》《图画临本》等作为教材也很受欢迎，其中《图画临本》还被学部选为全国小学生暂用课本。出版乡邦文献是崇文书局的鲜明特色，如地方名绅贤士著述汇编的《鄂局丛书》（78 册）。1890 年张之洞购买的《湖北历代名贤著述》板片，以《江汉丛书》刊印。湖北官书局还刊刻了湖北科考佳作汇编成的《江汉炳灵集》（5 集），张之洞著作《輶轩语》等。而章宗源撰《隋书经籍志考证》一直都没有刊本，湖北崇文书局刊刻流传，对典籍的保护是有贡献的。

崇文书局图书流传广泛，影响深远。图书除在本地批发与零售外，还销往全省及上海、天津、吉林、河南、四川等地，是我国内地出版和销售的中心。甘肃曾派员赴鄂省购置经史子集各书 72 种，共计 500 套之多。崇文书局刻本还远播海外。1878 年，曾纪泽出使英法，调取湖北等官书局刻本，储放于驻英、法使馆。值得一记的是，1904 年 4 月 30 日至 12 月 1 日，美国在圣路易斯市举办万国博览会，张之洞将湖北官书局的经籍刻本送去参展，获得博览会大奖（Grand Prize）。这批湖北官书局的参展图书现今保存在美国国会图书馆。

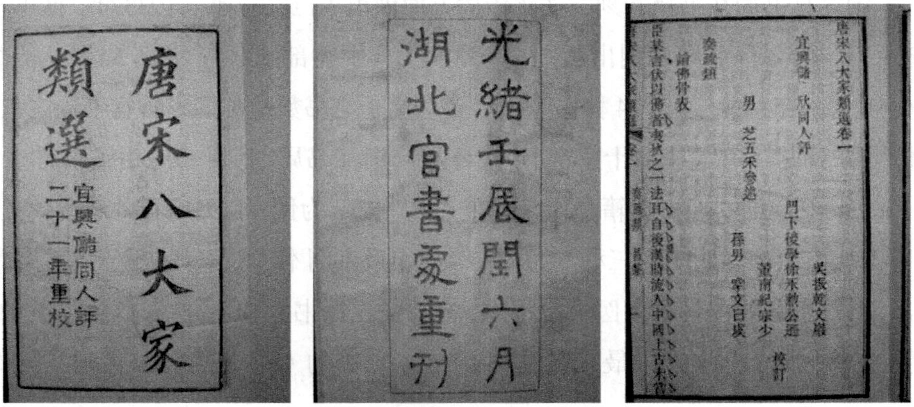

1904年美国圣路易斯市举办的万国博览会上参展的湖北官书局刻本书影

中国的第一个地理学会诞生地

邹代钧

武昌舆地学会是中国的第一个地理学会，它诞生于粮道街，创办人是邹代钧。

邹代钧（1854—1908），字甄伯，又字沅帆，湖南新化人，其祖上从事地学研究，邹氏地学最早可以追溯到清嘉庆年间。邹代钧是舆地世家第四代传人，从小酷爱史地之学。曾中秀才，入左宗棠幕府，充出使英、俄两国随员，在英期间考察西洋舆地学知识和技术，搜集外国地图。1889 年回国后，任会典馆纂修，并为张之洞聘任，任湖北舆图总局总纂，主持湖北全省地图测绘。戊戌维新运动期间，参与湖南维新活动。1902 年，任编译局总纂兼学务处提调官。1903 年，任京师大学堂舆地教习、钦定书经图说纂修兼校对官。书成后，升任分省补用直隶州知州。学部成立时，补员外郎迁参事厅行走，但邹代钧以病为由未就任。

武昌舆地学会创立于 1896 年，是邹代钧在陈三立、汪康年、吴德潇等维新派人士的赞助下，独资在武昌巡道岭（今粮道街东段）创办的，这是中国第一个地理学会，比上海创办的舆地学会还早两年。

武昌舆地学会也是湖北第一个民间自然科学学会，既是学术研究机构，也是出版机构。在地学研究上，邹代钧一方面继承了邹氏家学，另一方面，学习了西方先进的地理科学知识，特别是地图学知识，因此，使中国的地图测绘事业得到了很大发展。

1899年，新化邹氏在武昌创办了亚新地学社，以邹永煊为社长。邹永煊参加了湖北舆图编绘。亚新地学社在上海、南京、广州、长沙等地设有分店。

亚新地学社译印了大量地图和书刊。地图分教学用图和参考研究用图两类，数量很大，按计划，自1898年开始翻译绘制中外地图，但因资金困难，未能按期编印出版。到20世纪初才将前期完成的舆图陆续出版。至1908年，共出版地图13种，总数700多幅。该社还发行地学书刊，如《地学集刊》《世界地图纲要》等。亚新地学社出版的地图是石印地图，它是国内第一家采用近代印刷技术的地图印刷机构，对中国地理学的发展和传播起到了有力的推动作用。

中华人民共和国成立后，1953年公私合营，亚新地学社与多家地图社合并。亚新地学社是我国近代开办时间最早、经营时间最长、影响最大的民办地图出版社，共出版地图和地理学书籍300多种。

邹代钧对中国地理学和地图出版做出了巨大贡献。民国时期，有学者就指出：自明朝时期利玛窦传入世界地图，以及清朝初年西方传教士来华测绘中国地图，中国才开始具有地图测绘的全新的视角和方法，但是，因为这些地图藏在朝廷，只有极少数人能够看到，所以影响甚微，清代官方绘制的地图仍然使用传统方法。到了清末，新的测绘方法才开始推广，真正使之普及化的则是邹代钧。邹代钧绘图，融合中外方法，首重比例尺，所绘地图都很精确，连擅长绘图的英国人都很佩服。邹代钧绘制的地图采用圆锥图法，每幅地图之角，都画比例尺，这个做法在当时特别新颖。无论是世界地图，还是中国地图，邹代钧一律用中国舆地尺，比例尺统一后，无论是哪个国家，按图都比较容易得出中国的里数，分率之准确，为五千年来所未有。他不仅绘著中外舆图700余幅，而且绘成中外舆地全图68幅，将68幅合为一册，提供给学校使用，于是新方法绘制的地图就得到了普及。

邹代钧家学渊源很深，造诣很高。除了主持出版大量地图外，还著书立说，著作涉及历史、地理、诗文多个方面。如《西征纪程》四卷、光绪《湖北地记》二十卷、《直隶水道记》二卷、《中国海岸记》四卷、《会城道里记》二卷、《中俄界记》三卷、《蒙古地记》二卷、《日本地记》四卷、《朝鲜地记》二卷、《安南缅甸暹罗印度阿富汗俾路支六国地记》八卷、《五洲城镇表》二卷、《五洲疆域汇编》三十卷、《西图译略》十二卷、《英国大地志》若干卷、《文存》四卷、《诗存》一卷。

1908 年，邹代钧在武昌舆地学会去世，武昌舆地学会随之解散。

中国近代体育的重要发源地

武汉是中国近代体育发源地之一，粮道街则是武汉近代体育的摇篮。

在传统上，中国人讲究文野之分，尚文轻武，体育运动并不受重视，体育项目也是传统的武术、摔跤、舞狮、射箭、龙舟等。进入近代，西方人的运动观和体育思想逐步传入，西方教会特别是教会学校是重要的传播途径。西方教会建立的学校重视体育，粮道街是湖北教会学校最集中的地区，有文华书院、文学书院、懿训书院、布伦女校、圣约瑟学堂等。1891 年，文华书院规定学生每日晚饭后进行 1 小时的体育锻炼，主要是跑步、踢毽子等活动。1899 年，文华书院首先引进西方体育活动项目，如田径、棒球、壁球、足球等，并于 1901 年在文华操场举行湖北省第一次校际运动会，参加的是文华书院、博文书院、博学书院三所教会学校，每周六下午还有三校之间的足球赛。基督教青年会也重视体育活动，基督教武昌青年会就组织过体育竞赛，向青年宣传、推广体育运动。在清末新式学校创建中，湖广总督张之洞深感国民孱弱、国家积弱，大力提倡强健身体。所以，他规定各学校一律开设兵操课程。清政府也逐步将体育纳入学校教育体系中，1903 年颁布的《奏定学堂章程》是中国第一个学制，它规定各级学校须开设体操课。

在各方面推动下，人们的观念开始发生变化，体育逐步受到社会重视。1910 年，全国第一届运动会举行，武汉是参加运动会的五个单位之一，走在全国的前列。但是，清末，田径、球类运动没有得到应有的重视。因为重文轻武之风毕竟积重难返，风气转变需要有一个较长的过程。

民国时期，各级学校开设体育课，体育锻炼渐成风气，粮道街的学校特别具有代表性，湖北五四运动还是在中华大学体育运动会上点燃的。1919 年 5 月 7 日，中华大学召开体育运动会，恽代英、林育南利用它散发传单，揭开了湖北五四运动的序幕。恽代英在中华大学时，组织体育团体，并亲自参加传统体育和近代体育毽子、足球、乒乓球等 10 余项的活动，组织同学郊游，发表著名的《学校体育之研究》。1913 年，文华中学建立了中国最早的童子军。童子军进行军事化训练，强健体魄，培养技能。20 年代初，在湖北省立甲种工业学校，学生开展各类体育活动，薛步宣、陶斯咏喜爱足球运动，经常在运动场锻炼；每逢假日，就整天练习。“在他俩的带动下，发展了许多新的足球运动爱好者，逐渐形成了一支足球队。在武昌各学校足球比赛中，他们是常获冠军和亚军的。”① 该校校友回忆说，张光伦和李光有两个同学喜爱田径运动，曾分别在湖北省运动会和华中运动会上，夺得五英里长跑冠军和亚军。

在社会各界推动下，国民政府对体育也有所重视。20 世纪 30 年代由热心体育的人士、社会名流、政府官员倡导或赞助而建立了一些体育团体。最著名的有三幼体育会、积健体育会、武汉华中足球联合会、晚星篮球队、警备旅篮球队、省公安队、市公安队、平汉铁路队、老足球队、既济水电公司队，等等。其中，积健体育会是湖北国民党党组织和教育界推动成立的，成立大会就是在粮道街召开的。

积健体育会取古人“积健为雄”之意，发起于 1923 年 11 月，发起人是湖北省教育厅职员宋雪亭等。发起时，成立田径队、足球队、篮球队，会址暂设武昌公共体育场。组织机构是干事会，下设总务、文书、交际、编辑等五组。

1934 年 2 月 11 日，积健体育会在巡道岭湖北省立第二小学召开成立大会，到会 100 多人，出席成立大会的有湖北省教育厅长程其保、秘书长杨适生等。国民党湖北省党部积极介入，党部委员艾毓英、杨锦昱出席了大会，所以，媒体认为该会是“党教合组”的体育团体。该会以艾毓英为会长，程其保、李懋功、赵兰泉等为董事。

① 王献献：《武昌第一所工业专业学校》，中国人民政治协商会议武汉市武昌区委员会编：《武昌文史》第三辑，政协武汉市武昌区委员会 1987 年印，第 152 页。

艾毓英（1903—1985），湖北汉阳县（今武汉市蔡甸区）人。1920年考入湖北省立甲种农业学校，因经济困难，寄居粮道街尚德学社。次年，进入湖北省立第一师范学校学习。1926年毕业后回乡组织农民协会。后在国民党湖北省党部工作。1931年任党部执行委员会常委。1935年赴英国留学，离开国民党党部，也离开了积健体育会。

积健体育会积极组织各种体育竞赛，如当年积健足球队与英国、法国海军足球队、安南法联队进行过足球比赛。据当时的报纸报道，积健足球队"大胜法联足球队后……声威大振，引起强敌环攻"。①

积健体育会积极组织公益性体育活动。1935年2月，该会在武昌组织"球赛助赈"活动，由积健足球队邀请法国海军足球队，在武昌公共体育场举行友谊赛。积健体育会发售门票，除开支外，收入送交国民党湖北省党部冬赈委员会，用于冬天救济灾民或穷人。

积健体育会积极支持各种体育、文化团体。1934年12月，武汉体育协进会成立，积健体育会的李懋功就被推举为董事会董事。1937年，该会还有活动见之报端，此后，由于史料缺乏，该会的活动付诸阙如。

曾在粮道街区域文华大学、湖北省立甲种工业学校担任体育教师的宋如海还是中国奥林匹克史上第一人。1928年7月28日至8月12日，世界第九届奥林匹克运动会在荷兰的阿姆斯特丹举行，中国受邀参与盛会，但中国奥运委员会委员、中华体育协进会会长、外交部长王正廷公务繁忙，无法抽身，于是，请宋如海代替。宋如海正在美国春田学院留学，他还有一个身份就是中华体育协进会名誉干事。这样，宋如海就以中国副代表和观察员身份参加奥运会，正代表则是中国驻丹麦大使罗忠贻。宋如海之行比刘长春1932年以运动员身份参加奥运会还早4年，因而成为中国奥运第一人。宋如海是著名的体育活动家，与清华大学体育系的马约翰并称中国体育界的"北马南宋"。他参与组织过武汉学校运动会、武汉市民运动会、湖北省运动会、华中运动会、全国运动会等赛事。

---

①《足球赛兵连祸结》，《汉口中西报》1934年12月11日第7版。

粮道街文艺

Liang Dao Jie Wen Yi

激情澎湃的粮道街革命烈士诗文

粮道街是一片红色沃土，来此地从事革命，或在此地求学、工作、生活而成长为中共党员或具有共产主义信仰、离开粮道街后加入共产党的进步人士至少有300多人。前者如李大钊、陈独秀、李汉俊、周恩来、张太雷、徐向前、向警予等，后者如恽代英、林育南、陈潭秋、蔡济璜、黄负生、陈以文等。据初步统计，在这些革命者中，为实现中国共产党的伟大理想而牺牲的烈士就有100人以上。

中国共产党人是伟大的爱国主义者，具有坚定的理想、顽强的斗志、高尚的人格、无私的情怀、无畏的精神。一些革命烈士在革命斗争中留下了不少诗文，成为我们宝贵的精神财富。粮道街烈士用壮怀激烈的年华谱写了豪迈激越的诗文。

蔡济璜

毕业于启黄中学的蔡济璜，是黄麻起义的领导者。蔡济璜（1905—1927），原名雪奇，湖北麻城人。1925年入启黄中学，同年与刘文蔚创建中共麻城特别支部，任书记。1927年3月任中共麻城县委书记，12月英勇牺牲。在被关押期间，他写下绝笔诗，表现出共产党人视死如归的伟大精神。

无题

明月照秋霜，今朝还故乡。
留得头颅在，雄心誓不降。

施洋

红色律师施洋曾来粮道街从事革命活动，是在二七大罢工中牺牲的革命烈士。施洋（1889—1923），字伯高，湖北竹山人。中国早期工人运动的杰出领导人。1922年加入中国共产党，1923年英勇就义。毛泽东曾高度评价他：“施洋同志的牺牲，证明了中国共产党是工人阶级自己的政党，是最保卫工人阶级利益的。”①1923年2月13日，在武昌监狱中，施洋写下绝笔诗，表现出共产党人大无畏的革命乐观主义精神。

监狱乐

人人都说监狱苦，
我坐监狱反觉乐，
不要钱的衣给我穿个鼓堆堆，
不要钱的饭给我吃个肚儿圆。

潘忠汝

黄麻起义总指挥潘忠汝也曾在粮道街学习。潘忠汝（1906—1927），湖北黄陂人，1924年考入武汉中学，1926年加入中国共产党。1927年，领导黄麻起义，12月5日壮烈牺牲。1924年在武汉中学学习时，潘忠汝就赋诗一首，表达了他立志献身于革命的崇高理想。

① 陈素秀主编：《京汉铁路工人大罢工史料汇编》，河南人民出版社1999年版，第673页。

愿输血汗改山河

尧天舜日事经过，世态崎岖要整磨。
不肯昏庸同草木，愿输血汗改山河。

来自中华大学（今华中师范大学前身）的刘绍南也是一位有理想、有情怀的革命烈士。刘绍南（1903—1928），别名刘自棠，湖北沔阳（今仙桃）人，1924年考入中华大学，第二年就加入中国共产党。1926年春受党组织派遣，回家乡发动和领导工农革命运动，先后任中共沔阳县委委员、沔南区区委书记、沔阳临时县委书记、中共湘鄂西党委书记兼武装总指挥等职。1928年壮烈牺牲。他曾经受敌人严酷审问，牺牲前，他写下绝笔诗，表现出共产党人不屈不挠的斗争精神。

刘绍南

答敌人审问

大丈夫，要革命，
立志创造新社会；
为工农，谋幸福，
百折不挠气不馁。

你们杀了我一人，
好像明灯暂被狂风吹，
革命少了我一人，
好比大海丢了一滴水。

革命声势如潮涌，
一起一伏前后追，

浪打沙埋众贼子，
哪怕妖魔逞淫威。

白旗倒了红旗飘，
老子生死在这回，
走上前来不下跪，
贼子们，睁开眼睛看爷爷！

魏人镜

荆南中学（今宜都市第二中学前身）校友魏人镜牺牲时年仅22岁。魏人镜（1906—1928），字茂年，号复我，别号苏，湖北汉川人。1922年入荆南中学，次年入湖北省立第一师范学校，接受马克思主义，加入共青团。1924年经陈潭秋介绍入党。1926年任汉川特别党支部宣传委员。1928年3月就义于粮道街辖区的螃蟹甲。他牺牲后，他的亲人在他的口袋发现了一张纸条，上有他的绝笔诗，诗中展现的是共产党人对革命充满着必胜的信念。

遗诗

夜台犹有钢筋骨，地下更加奋斗争；
寄语党中诸勇士，砍头枪毙莫灰心。

中华大学（今华中师范大学前身）为中国革命做出了巨大贡献，牺牲了几十位革命烈士，龙大道就是其中一位。龙大道（1901—1931），字坦之，又名龙康庄，贵州锦屏县人，侗族。1919年入中华大学，参加五四运动。1922年入上海大学，接受了马克思主义。次年加入共产党。他参与领导了上海三次工

龙大道

人武装起义。1927 年参加中共五大。曾任浙江省委代理书记。1931 年与林育南等牺牲于上海龙华。他两次入狱，这首诗写于武汉监狱，那一年是 1927 年。

狱中

身在牢房志更强，抛头碎骨气昂扬。
乌云总有一日散，共产东方出太阳。

湖北省立甲种工业学校（今武汉科技大学前身）是粮道街一所具有光荣革命传统的红色之校。革命烈士吴干臣在这里完成了从空想社会主义到科学社会主义的思想转变。吴干臣（1906—1930），字贞贤，湖北省汉阳县（今武汉市蔡甸区）人，1923 年入校，1925 年加入中国共产党，1926 年毕业回乡从事农民运动。1930 年任中共川阳边区县委员会宣传部长，同年 9 月牺牲。他以绝笔诗表明心迹。

应留碧血照丰碑

少年嫉世壮雄飞，誓为生民解冻饥。
云黯城中迷正道，红霞村里浴朝晖。
书生敢击龙泉剑，农奴初舒虎胆眉。
今日乘风归去也，应留碧血照丰碑。

湖北省立第一中学校（今武汉市第十四中学前身）也是革命的熔炉，曾培养了 20 多位共产党员。陈以文烈士就是其中一位。陈以文（1923—1949），湖北沙市（今荆州市沙市区）人。1935 年春考入湖北省立第一中学校初中部读书。1938 年春，考入湖

陈以文

北省立高级中学，加入中国共产党。1941 年毕业后从事革命，翌年考入复旦大学（抗战时西迁至重庆）。在校期间，从事学生运动，后从事农民运动。1948 年被关押在重庆渣滓洞，1949 年牺牲在歌乐山。在监狱中，尽管敌人严刑拷打，但陈以文不畏牺牲，大义凛然。

为国家、为人民、为民主、为理想献身，我无一丝过错要悔。勾结帝国主义，出卖祖国的是你们，陷害人民的是你们，整得老百姓无法安身的是你们，你们才该深深地改悔。

岁月匆匆过，往事悠悠长，烈士激情澎湃的诗篇和悲壮绚丽的人生，仍然留给我们诸多的人生启迪。讲好红色故事、传承红色基因，必须挖掘红色资源，用烈士的诗文坚定理想、砥砺品格、涵育情操、鼓舞斗志。

军歌嘹亮鼓斗志
——粮道街诞生第一支学生军军歌

学生军军歌（一）

愿同胞，团结个；英雄气，唱军歌；一腔热血儿，意绪多；怎能够坐把国事蹉跎，准备指日挥戈，好收拾旧山河。从军乐，乐如何！从军乐，乐如何！怎能够坐把国事蹉跎，准备指日挥戈，好收拾旧山河！

对天演，烈风潮，争优胜，武士道；竞上舞台高，精神好；为国民重新铸个头脑，挣得神州天晓，纪念碑立云表！操操操，休草草；为国民重新铸个头脑，挣得神州天晓，纪念碑立云表！

齐昂昂，整顿了；好身手，讲兵韬；任它千钧担，一肩挑；新世界能够造得坚牢，便是绝代人豪，浩然气薄云霄！身价儿，比天高，身价儿，比天高；新世界能够造得坚牢，便是绝代人豪，浩然气薄云霄！

学生军军歌（二）

向前向前，奋勇争先！向前向前，伸我主权！抖擞精神，唤起国魂。思独立，心如百炼金坚。把微躯为国捐！把微躯为国捐！羞偷生，怕神州瓦解难全。抖擞精神，唤起国魂。思独立，心如百炼金坚。

向前向前，登上极颠；向前向前，涉水极重渊。军国主义，战胜天演；是英雄，当仁休让昔贤。且猛着祖生鞭！且猛着祖生鞭！使血性，竞争个国脉绵延！军国主义，战胜天演；是英雄，当仁休让昔贤。

向前向前，步武高骞；向前向前，任重休息肩。慷慨从军，恢复中原，誓同仇，好将大力回天。新中国美少年，新中国美少年！唱凯歌，一齐都画上凌烟。慷慨从军，恢复中原，誓同仇，好将大力回天。

这首铿锵有力的军歌，让人热血沸腾，它激励无数青年投效军营，奔赴战场，舍身杀敌，重整河山！这首嘹亮的军歌，是辛亥革命时期两位老师对学生的殷切期望，对国家的无限挚爱，对革命的满腔热情，这首军歌诞生在粮道街。

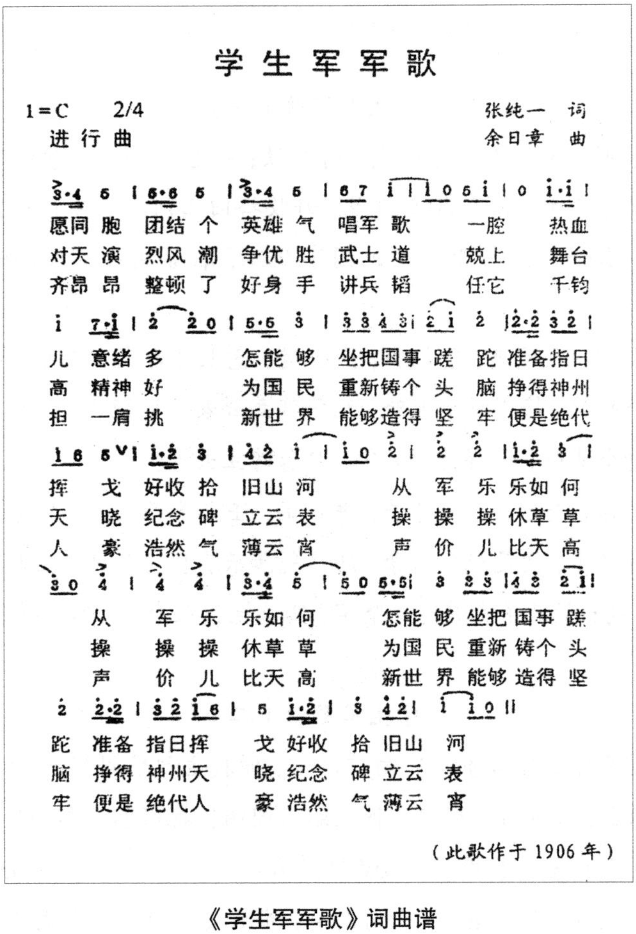

《学生军军歌》词曲谱

学生军军歌曲谱是文华书院教师余日章从美国带回（一说余日章谱曲）。余日章（1882—1936），湖北蒲圻（今赤壁）人，生于武昌。从小入基督教，曾就读武昌圣公会附设小学。1895年进武昌文华书院。后入上海圣约翰大学。1905年毕业后，回湖北任文华书院体育教员。1908年秋赴美留学，1911年回国，任文华大学附中校长，辛亥武昌首义时，创办红十字会，自任总干事，率员赴前线救护伤兵。湖北军政府成立，任黎元洪秘书，主要从事对外交涉。辛亥革命后，从事宗教、教育工作。曾任中华全国基督教协进会会长。

余日章

余日章具有革命思想，曾加入湖北革命团体日知会，他还积极向学生灌输革命思想，鼓励学生投身革命。

学生军军歌的词作者是张纯一。张纯一（1871—1955），字仲如，法号觉义、证理，湖北省汉阳县（今武汉市蔡甸区）人。早年曾中秀才，1904年在武昌文华书院教授国文，后东渡日本留学，1906年回国，执教于文华书院。1909年，在上海广学会编纂《大同报》，1920年起，在燕京大学、南开大学、中华大学、文华大学等校任教。中华人民共和国成立后，张纯一从事文史工作，任文史馆馆员。著有《武昌日知会事实纪略》，叙述了革命团体日知会的革命史事。

张纯一

张纯一是一位革命者，他加入日知会，参与演讲等宣传活动，传播革命思想。1906年，湖北当局查封日知会，捕获革命党人刘静庵、张难先、殷子衡、吴贡三、胡瑛、朱元成等九人，是为日知会丙午之狱。张纯一躲避及时，幸免于难。他积极参与营救活动，后来在上海参与了反清起义活动。学生军军歌作词于日知会时期，是他为激励学生参加革命而作的。

1941 年，张纯一赋诗《辛巳双十节感怀俚言》，回忆了他参加日知会、投身革命的经历，其中几句谈到了作词的经过。

回忆甲辰乙巳年，
军歌手谱广宣传，
大江南北群高唱，
收拾山河声震天。

文华书院注重培养学生尚武精神，自 1890 年就开设军操课，并于 1905 年成立了学生军训队（即学生军），训练项目有兵器教范、劈刺和陆军战术。翌年，学生军训队首次身着军装，由鼓乐队引领在大街上列队长途行军，一直走到洪山宝通寺和卓刀泉，后又在小东门外山地进行了一场军事演习。这一新鲜事物引起市民的围观，产生了轰动效应。

学生军军歌就是两位老师为学生军谱写的，当年，学生军唱着嘹亮的歌声，踏着整齐的步伐，雄赳赳地向前迈进，展示了青年学生救国救民的情怀、勇往直前的精神，这首歌不仅在武汉唱响，而且传唱到大江南北，它高亢激越，催人奋进，激励着无数青年学子投身于革命的大潮中。

气势磅礴的《黄河大合唱》：张光年的杰作

风在吼
马在叫
黄河在咆哮
黄河在咆哮
河西山冈万丈高
河东河北高粱熟了
万山丛中抗日英雄真不少
青纱帐里游击健儿逞英豪
端起土枪洋枪
挥动大刀长矛
保卫家乡
保卫黄河保卫华北保卫全中国

这脍炙人口的诗句，震撼人心的节律，曾经激励多少中华儿女投身于伟大的民族抗战中。几十年过去了，它大气磅礴的气势、高亢激越的旋律、壮怀激烈的情感，仍然时时敲击我们的心扉，激发我们的斗志，它是民族的经典之作，是不朽的传世华章。它是的词作者张光年毕业于粮道街，它的创作缘起于粮道街。

张光年（笔名光未然），1913 年出生于湖北光化县（今湖北老河口市），

晚年的张光年

1929 年，年仅 16 岁就秘密加入中国共产党。1932 年，来到粮道街，考入中华大学。在学校，他积极投身爱国活动，组织学生剧团，排演话剧。光未然这个名字就是他给自己取的艺名，是指光将要燃烧的意思。当时，日本侵略中国，侵占了东北，民族处于危亡关头。张光年与同学通过戏剧演出来呼吁抗战救国。毕业后，张光年到中学任教，并从事文学、艺术创作。1936 年 5 月，他创作抗日诗篇《五月的鲜花》，后经音乐家阎述诗谱曲，很快被广为传唱。《五月的鲜花》是他的成名之作，也是经典之作，1959 年，作曲家瞿希贤把它选作故事片《青春之歌》的插曲。1936 年 6 月，张光年被党组织派往上海，组织中国文艺工作者战地团，投身于抗战救亡文化事业中。

1937 年，七七事变爆发，全面抗战开始。随着日寇占领上海、南京，武汉成为战时首都。一大批文化工作者也南下或西迁武汉，张光年回到武汉，创作了《赞美新中国》《拓荒歌》等诗篇。1938 年 4 月，他再次来到粮道街，进入国民政府军事委员会政治部第三厅。在第三厅，张光年与冯乃超等人秘密建立了党组织——第三厅中共特别支部。第三厅隶属国民政府军事委员会政治部，直接受政治部副主任周恩来领导，郭沫若任厅长，实际上，它是中共领导的统一战线性质的抗日救亡文化组织。

第三厅有 10 个抗敌演剧队，4 个抗敌宣传队，3 个电影放映队，1 个漫画宣传队，还有著名的孩子剧团和新安旅行团，网罗了 300 多文化名人和 2000 多个文艺工作者，组织了抗战扩大宣传周、七七献金等活动，还奔赴各个战区，开展慰问、宣传鼓动等活动，掀起了抗战文化的巨浪。

张光年在第三厅六处一科（戏剧科）担任少校科员，参与组织了一些抗战救亡文化活动，他还创作《保卫大武汉》歌词，由冼星海谱曲，唱遍了武汉三镇。1938 年 9 月，他受第三厅的委派，带领抗敌演剧第三队去第二战区考察抗敌形势，他的身份是国民政府军事委员会政治部西北战地宣传工作视察员。在陕西，他看到一泻千里的黄河，在壶口瀑布，他为黄河磅礴的气势所震撼。1939年1月，他骑马受伤，演剧队队员抬着他在壶口附近渡过黄河，赴延安治疗。到延安后，张光年开始创作长篇诗，几乎是一气呵成。它是大型组诗，400多行的新体诗，分为第一乐章《黄河船夫曲》、第二乐章《黄河颂》、第三乐章《黄河之水天上来》、第四乐章《黄水谣》、第五乐章《河边对口曲》、第六乐章《黄河怨》、第七乐章《保卫黄河》、第八乐章《怒吼吧，黄河》。

1939年3月，音乐家冼星海为之谱曲。冼星海也来自粮道街区域的昙华林，1938年，他也在第三厅工作，任六处（艺术宣传处）三科（音乐科）科员。在第三厅期间，除参与组织抗战文化宣传活动外，曾谱曲《在太行山上》，把这首激情澎湃的抗日之歌唱响了全中国，他还创作了《保卫卢沟桥》《游击军歌》《到敌人后方去》等一批扣人心弦的抗日歌曲。1938年底，他来到延安，在鲁迅艺术学院任音乐系主任。他与张光年的合作已经不是第一次了，1936年张光年创作的《高尔基纪念歌》、1937年的《赞美中国》《拓荒歌》、1938年的《保卫大武汉》都是冼星海谱曲，两人也结下了深厚的友谊。应张光年之邀，给《黄河大合唱》谱曲，冼星海欣然接受，他夜以继日，饱含深情，仅6天就完成了全部曲子的创作。《黄河大合唱》曲子是大型合唱声乐套曲。《黄河大合唱》诗、曲珠联璧合，八部分结构分别是体裁不同的男声合唱、男声独唱、诗朗诵、女声齐唱、男声对唱、女声独唱、轮唱、大合唱。每首歌前有说白，即引子。《黄河大合唱》歌颂了中国人民英勇顽强的斗争精神，展现了民族抗战壮丽的画卷，塑造了中华民族伟大的英雄形象。

1939年4月1日，演剧队在延安开始排练。4月13日，进行试演。5月11日，在鲁迅艺术学院成立周年晚会上，正式演出，获得巨大成功，产生强烈的反响，整个延安都沸腾了！1939年7月8日，周恩来在延安欢迎他从重庆归来的晚会上，欣赏到了《黄河大合唱》，他十分激动，题词写下："为抗战发出怒吼，为大众谱出呼声！"此后，《黄河大合唱》传遍大江南北、长城内外，成为催人奋进的民族乐章，极大地鼓舞了全国军民抗战斗志。1940年，《黄河大合唱》被带到美国，后来，在苏联、日本、加拿大等国传唱。

2002 年 1 月，诗人张光年走完了最后的人生岁月，与世长辞。张光年在粮道街学习文学艺术创作，又从粮道街出发，赴西北从事抗战文化宣传，在黄河寻找到创作灵感——《黄河大合唱》与粮道街有缘，可谓是粮道街的杰作。

对传统戏剧的改造：戏剧大师余上沅与国剧运动

1924夏，余上沅、闻一多、张嘉铸、赵太侔、熊佛西等留美学生，先后住进地处纽约江滨的万国公寓。他们有一个共同的爱好：钟情于戏剧。余上沅在哥伦比亚大学攻读西洋戏曲文学与剧场艺术，赵太侔攻读戏剧专业，熊佛西研究戏剧与文学，张嘉铸研究美术批评，但也热爱戏剧，闻一多此时主攻方向是美术，且对舞台布置和服装设计很有兴趣。这年冬天，在这几人运作下，剑桥中国同学会发起自编自演英文剧《此恨绵绵》（一名《杨贵妃》）。此剧取材于中国古典名剧《长生殿》。余上沅在改编时，充分吸取了中国传统戏曲浓厚的写意特征，并由闻一多译成英文。得到华侨商人的资助，《此恨绵绵》在万国公寓礼堂正式公演。这次演出十分成功，轰动了美国，甚至洛克菲勒家族还专门会见了演员。余上沅、闻一多、赵太侔、张嘉铸等四位主要编导人员十分兴奋，聚集在余上沅寓所总结这次演出的得失。在讨论中，他们想要改造中国传统戏剧，并提出了一个主张："国剧运动"。"所谓'国剧'不是我们现在所指的'京戏'或'皮黄戏'，也不是当时一般的话剧，他们想不完全撇开中国传统的戏曲，但要采纳西洋戏剧的艺术手段。不只理论上的探讨，他们还希望能有一个'小剧院'来做实验"。[①] 梁实秋解释说。"每个地方各有它差异的历史背景、风俗习惯，绝对不可强同。艺术与戏剧正是如此。……如果我们从来不愿意各国的

① 梁实秋：《悼念余上沅》，《梁实秋作品集》，敦煌文艺出版社1997年版，第192～193页。

绘画一律，各家的作品一致；那末又为什么希图中国的戏剧定要和西洋的相同呢？中国人对于戏剧，根本上就要由中国人用中国材料去演给中国人看的中国戏。这样的戏剧，我们名之曰国剧”。[①] 余上沅解释道。

余上沅是国剧运动的中坚，一生为之奋斗。

余上沅来自粮道街，他在此地受过 7 年多的教育。余上沅（1897—1970），湖北沙市人，父亲是沙市布店的员工，家境贫寒。余上沅早年上过私塾，12 岁到布店当学徒。1912 年进入文华书院学习，书院不仅免收学杂费，而且还有一点生活补助。他学习勤奋，成绩优异，从中学毕业后，升到文华大学，攻读英国文学专业，文华大学与附中都在一个校园里。他热爱祖国，追求进步，参加学生运动，担任校学生会主席。1919 年五四运动爆发，湖北积极响应，粮道街成为武汉五四运动的策源地，各大中学校掀起轰轰烈烈的爱国运动，在运动中成立武汉学联，并积极参与全国性的组织，余上沅与林育南就被推选为武汉三镇的学生代表，到上海参加全国学生联合会的工作。在全国学生联合会他宣读了《武汉学生联合会对于全国学生联合会意见书》，并将意见书发表于上海《时事新报》，此事为湖北当局察知，回武汉后，他就被勒令退学。通过胡适介绍，余上沅转学到北京大学就读，结束了在粮道街 7 年多的求学生涯。1922 年，他从北京大学英文系毕业，到清华学校做职员。在此前后，他在北京《晨报·副刊》发表了近五十篇剧论，由此可见他对戏剧的喜爱。1923 年，余上沅取得清华学堂半官费资格，同时又得到父亲的朋友的资助，赴美留学，于是才有了本文开头说的“国剧运动”的提出。1925 年，余上沅回国，同行的就有闻一多。

回国后的余上沅专注于对中国戏剧的改造。余上沅对戏剧的改造，体现在两方面。一是主张发扬并增强旧剧的写意性；另一方面，他批判当时流行的新剧写实风格，主张艺术地表现生活。由于“目的错误”，“不明方法”，“缺乏经济”，[②] 余上沅承认，国剧运动是失败的。1929 年，余上沅在北京创建了“北平小剧院”，惨淡经营 3 年多，曾借协和医院礼堂演出《伪君子》《压迫》《秦公使的身份》《一只马蜂》《求婚》《兵变》《最后五分钟》《茶花女》等剧目，但均

① 余上沅：《国剧运动·序》，《国剧运动》，新月书店 1927 年版，第 1 页。

② 余上沅：《国剧运动·序》，《国剧运动》，新月书店 1927 年版，第 2 ～ 3 页。

非余上沅提倡的国剧。

但是，余上沅对戏剧的钟情是炽热的。1925年，他在北京美专开办戏剧系，组织中国戏剧社。1928年任北平中华教育文化基金会秘书，兼任国立北平大学艺术学院戏剧系教授。1935年陪同梅兰芳赴欧洲访问演出。同年，国立戏剧学校在南京建立，余上沅被聘为校务委员兼校长。抗战全面爆发，日寇进逼上海、南京，余上沅率戏剧学校撤退到长沙、重庆，组织学生课余演出街头剧，宣传抗战。1939年春，再度迁校四川江安，1941年该校改名为国立戏剧专科学校。余上沅任校长14年，培养了大批优秀人才，当今中国戏剧电影界的许多知名人士，都曾在剧校任职或学习，如曹禺曾任教务长，张骏祥、焦菊隐、洪深、马彦祥、吴祖光、应云卫、陈鲤庭、吴晓铃、金韵之、杨林彬、黄佐临等，都曾在这里执教；凌子风、谢晋、刘厚生等，曾在这里学习。中华人民共和国成立后，余上沅在上海沪江大学、复旦大学、上海戏剧学院任教。

余上沅在戏剧理论上卓有成就，出版《表演艺术大纲》《导演艺术大纲》和《舞台设计提高》等专著，对于建立正规化戏剧教育制度做出了卓越贡献。中华人民共和国成立后，他编写了《西洋戏剧理论批评》《戏剧概论》等教案，翻译了《戏剧技巧》等多种名著。

国剧运动作为一种缺乏充分实验支撑的戏剧改革，在中国传统的旧剧和西方的话剧之间挣扎，未能找到合适定位，在五四之后昙花一现，国剧之梦，终难实现。但是，正如吴祖光所言："上沅先生是最早把西方戏剧介绍并移植到中国的重要人物之一，对中国现代话剧的建立和壮大有不容抹杀的功绩。二十年代他和一些著名的文学家和艺术家提倡的'国剧运动'，在当时是起了很大影响的。"① 他是中国现代话剧的奠基人，是戏剧理论家、教育家。

①《余上沅戏剧论文集》序，《吴祖光选集》第五卷，河北人民出版社1995年版，第138页。

第三厅：在粮道街吹响抗战文化的集结号

武汉是抗战时期的战时首都，粮道街是抗战文化的大本营。

1937年12月，南京陷落后，国民党中央、国民政府西迁重庆途中到达武汉，武汉成为战时临时首都。在建立统一战线的背景下，国民党被迫改组政府，建立国民政府军事委员会，吸纳部分共产党和民主党派成员参加。军事委员会下设政治部，陈诚任主任，共产党的周恩来、第三党的黄琪翔任副主任，并在政治部下设立第三厅，由周恩来领导。

政治部第三厅成立于1938年4月1日，郭沫若任厅长，无党派人士、武汉大学教授范寿康为副厅长。其职责是抗日宣传，包括一般宣传工作、艺术宣传工作、对敌、对外宣传工作。第三厅下设五处、六处、七处，分别执掌三项宣传工作。每处设三科。第三厅附设抗敌演剧队10个、抗敌宣传队4个、电影放映队3个、漫画宣传队1个，另有新安旅行团、孩子剧团、战地文化服务处。

郭沫若演讲

第三厅旧址位于武昌昙华林武汉市第十四中学校园内，系民国初年学校建筑。原址为湖广总督林则徐兴建的丰备仓遗址，清光绪末年，张之洞先后在此地创办东路高等小学堂、道师范学堂，是湖北最早的一批按近代教育学制设置的公立学校，1907年，湖北工艺学堂搬迁

国民政府军事委员会政治部第三厅旧址

到此，改名湖北中等工业学堂。1909 年，第二文普通中学堂在附近建立，1912 年更名为湖北省立第一中学校。第三厅当时的用房大多已毁，仅存砖木结构二层楼房一幢，为当年工作人员住房。房屋坐北朝南，背后紧靠螃蟹岬，占地约 160.46 平方米。第三厅曾在此荟萃了文化界精英 300 多人，如阳翰笙、胡愈之、田汉、洪深、徐悲鸿、冼星海、张光年等一大批国内文化艺术界的名流，加上其他文化工作者，第三厅总数有 2000 多人。

第三厅的主要工作是动员民众、对抗日军队的宣传与慰劳、对敌宣传、国际宣传。1938 年 4 月至 1938 年 10 月，第三厅为发动人民群众抗日救亡，在此领导了一系列大规模的抗日宣传活动，以第二期抗战扩大宣传周和纪念抗战一周年发动的七七献金运动最为著名。

第二期抗战扩大宣传周是从 4 月 7 日到 13 日，每天都有一个重点的宣传方式，依次为文字宣传、口头宣传、歌咏宣传、美术宣传、戏剧宣传、电影宣传、游行宣传。除面向军民外，还有国际对敌宣传。除开展宣传外，还组织慰劳伤兵等活动。各项活动有声有色，如火如荼。例如，7 日的文字宣传，政治部发放通俗唱本、歌词唱本各 1 万份，特刊 5 万份，发行告将士书、告同胞书、告战区民众书、告伪军书、告日本民众书等传单各 1 万份。参加扩大宣传周活动的各个团体至少出版壁报 1 种。这些资料不仅散发到武汉军民手上，而且寄发到各战区。7 日，台儿庄大捷消息传到武汉，各机关、团体、学校、商店等悬挂国旗庆贺。武汉举行了 5 万人的火炬游行。第五天是戏剧日，武汉有 12 家戏院举办抗敌剧总动员，各家戏院演出日夜两场。除话剧外，戏曲包括京剧、汉剧、楚剧、杂剧等，在新市场、凌霄、长乐、明记、维多利亚纪念堂、天声、美成、共和、满春、天仙、汉兴、粤汉等剧院演出，还在汉口、武昌二地的主要广场、街头演出。其中演出京剧的有五家剧院，由厉家班、山东省立剧院和黄桂秋、安舒元、吴天中等分别演出《岳飞》《梁红玉》《卧薪尝胆》《木兰从军》《万里长城》等剧，还有《拾金献国》《杀妻犒军》等折子戏。民众乐园还演出了京剧连台本戏《民族英雄朱洪武》。又如，在 13 日的游行宣传日，第三厅组织武汉市民举行游行，组织戏剧、美术团体举行化妆游行，游行人员达数十万。

七七献金活动是国民政府军事委员会政治部第三厅策划、举办的号召民众捐款，支持抗战的群众运动。1938 年 6 月，第三厅决定举办七七事变一周年纪念日。厅长郭沫若草拟了七七周年纪念方案，策划进行七七献金活动。

活动计划进行三天，自 7 月 7 日至 9 日，每天自上午九时至下午六时。然而到了第三天晚上七点，献金的人还是江水似的涌来，有鉴于此，第三厅决定自 10 日到 11 日，继续延长二天。在武汉三镇共设六座献金台，另设一个流动献金台。7 月 7 日上午，摩肩接踵的人群就把献金台围得水泄不通。在每座献金台，原安排 8 个工作人员进行登记。由于忙不过来，增加到 30 余人。在献金过程中，各界人士踊跃参加，有国共两党及其他党派负责人，社会贤达，国际友人，更有广大的普通群众。国民政府主席林森献出重达 17 两的金鼎一座、金戒指 4 枚；蒋介石派代表替他和宋美龄献金 1.8 万元；国民党中央党部献金 2.3 万元；毛泽东等 7 位中共参政员献出 7 月份薪金共 2450 元；周恩来捐出他任政治部副部长的一月薪金 240 元。献金中大量的人员是工人、农民、人力车夫、店员、小贩甚至乞丐等，他们捐献的钱虽少，但汇聚成巨。7 月 8 日，汉口水塔献金台前出现了壮观一幕，600 多位人力车夫一起赶来，逐个献出他们当天的工钱。因民众爱国热情炽烈，第三厅增设流动献金台 10 个。参加献金者达百万人次，献金总额近百万元。西安、兰州、汕头以及海外的侨胞也有献金汇来。七七献金活动极大地激发了全国军民抗战热情，体现了中华民族空前的凝聚力。此后，第三厅多次组织募捐，募集资金和物品，送往前线。

第三厅的国际宣传有声有色。第三厅团结了一批懂外语的人士，开展国际宣传，主要是对日宣传。日本反战人士鹿地亘、池田幸子夫妇担任顾问，发挥了很大作用。第三厅编辑了大量的对敌宣传品，散发到敌占区，还由中国空军投放到日本本土；集中一批日语人才，开展日语广播；对日军俘虏谈话，感化、改造日军。除了日语宣传外，还进行英语宣传和世界语宣传。

第三厅组织文化工作者赴各个战区，开展慰问前线战士、发动民众等活动。1938 年 5 月，第三厅组织干部训练队 100 队下乡宣传。6 月，中国漫画家作家协会组织漫画百余幅，赴陕西渭南、咸阳等地巡回展览。8 月，成立 10 个抗敌演剧队和 4 个抗敌宣传队，相继奔赴广东、山西、江西、湖南、河南、浙江、广西和湖北等地战区，开展抗敌宣传，郭沫若等人也奔赴第五、第九战区慰问。在慰问、宣传中，涌现出不少动人的故事。1938 年夏，张光年为总领队，带演剧三队前往西北第二战区，进行抗日宣传鼓动。1939 年 1 月，张光年从马上摔下受伤，被送往延安。回到延安，创作出脍炙人口的《黄河大合唱》，由冼星海谱曲，后广为传唱。

1938 年 10 月，日军逼近武汉，第三厅被迫西迁重庆。武昌粮道街见证了国共合作、团结抗战的历史。第三厅旧址保存完好，是省级文物保护单位。它静静地立于武汉市第十四中学校园的一角。2018 年，全国政协在湖北启动了政治部第三厅史料征集工作。2021 年，武汉市武昌区再次进行修葺，建立了第三厅纪念馆，把这段历史记忆留存下来。第三厅旧址展览主题为“国统区抗日民族统一战线的战斗堡垒”，分为“名流内阁文化战士”“领导救亡战斗堡垒”“历史贡献永载史册”三个部分，介绍了从成立第三厅在全国掀起文化抗战高潮，到第三厅成员积极组织抗战宣传，直至最后撤离的详细发展历程。6 月 11 日，纪念馆开馆。据新闻报道，郭沫若之女郭平英，周恩来之侄周秉和，田汉之孙、欧阳予倩外孙欧阳维，夏衍孙女沈芸，瞿白音之子瞿向明等第三厅成员家属及后人们参加开馆仪式，他们重聚在此，共同缅怀先辈。

抗战教育研究会：动员民众抗战的团体

抗战时期，西迁之前，武汉是中国战时首都，粮道街是中国抗战文化中心，第三厅就是显著的标志。同样，设立于粮道街69号的抗战教育研究会，也是另外一个中国共产党领导的群众抗日救亡团体，进一步彰显了粮道街抗战文化中心的地位。

抗战教育研究会成立于1937年11月20日战火纷飞的武汉。此前数日即11月12日，上海陷落，日寇进逼国民政府首都南京，而北京、天津等华北地区则早已沦陷。随着国民党中央及政府机构、企业、学校和大批人员南下、西迁武汉，武汉成为战时首都。但是，武汉也遭到敌机的狂轰滥炸。

在西迁中，陶行知主编的《战时教育》旬刊从上海迁到武汉。在党组织指示下，负责编辑的刘季平、戴伯韬把武汉教育界人士组织起来，开展抗战民众教育工作。他们请中华大学校长陈时、湖北的国民党元老孔庚等名流出面，发起成立抗战教育研究会。10月24日，召开30余人座谈会，会上决定成立筹备会，由孔庚、陈时、刘季平、戴伯韬、范寿康、陈仁炳等九人组成筹备委员会，负责起草章程、宣言和纲领。

为何成立这个团体？该会实际负责人、共产党员刘季平在座谈会上就指出："全面抗战在国内和平统一后国际伟大的同情中爆发，于我们是极有利的，虽然在抗战过程中我们不免有小挫折，但抗战的失利是以数学级数增加，有利的条件是以几何级数增加，最后的胜利一定是我们的。不过我们也有许多弱点，最大的是（1）民众文化水准太低（2）民众组织散漫。在这严重的国难中，如果我们的弱点不克服，胜利不会飞来的。我们教育者要努力教育民众克服这些弱点。”[1]显然，成立抗战教育研究会的目的是教育民众，动员人民积极投身于抗战之中。

经过近一个月的筹备，11月20日，召开成立大会，参加大会的有100余人，选举孔庚为理事长，陈时为副理事长，陈仁炳、刘季平、戴伯韬、孟宪章、周子桢为常务理事，日常工作由刘季平、戴伯韬负责，会员主要是武汉中小学教师。实际上，该会由中共主导，直接受中共湖北省工委领导。《战时教育》旬刊也成为该会机关刊物。

《抗战教育研究会工作大纲》揭示了该会宗旨、原则和工作内容。其宗旨是“集思广益研究抗战教育的理论与方法”，原则是“在研究中推行抗战教育，在推行中研究抗战教育”。工作内容主要是：

第一，研究各抗敌救亡团体部队应如何建立集体的实践的自我教育，并推动他们执行起来。

第二，研究并推动各级学校机构课程方法的改进。

第三，研究并推动全国总动员的民众教育，特别是农民教育。

第四，在上述工作中间研究并推动如何进行扫除文盲及提高大众文化的工作。[2]

从领导者来看，抗战教育研究会并不限于湖北党工委，还包括中共领导的八路军驻武汉办事处。

从骨干成员来看，抗战教育研究会并不限于湖北的共产党员和地方名流，它还包括江浙、广西、北京等地来汉的教育界、文化界人士，如刘明凡、王洞若、陈光宇等人。该会还和各地来汉的团体联合举行活动，如从上海来的孩子剧团、救亡演剧队，从北京来的中华民族解放先锋队等。不过，实际负责人还是共产党员刘季平和后来接替他的王洞若。

从服务对象来看，抗战教育研究会着眼于全体军队、学校、团体和民众的抗战教育，以期适应全民族抗战的需要。举凡工人、农民、店员、军人、师生、

① 子周：《抗战教育研究会发起人座谈会小记》，《战时教育》1937年第6期。

②《抗战教育研究会工作大纲》，《战时教育》1937年第9期。

妇女、难民等，都是动员与教育的对象。所以，其活动范围大大超出了教育界。

从服务功能来看，抗战教育研究会既是一个研究团体，研究相关的理论和方法，为政府决策提供参考；同时也是一个实践团体，包括制定教育方案和方法，组织教育服务团体，开办各种训练班和民众学校，编辑抗战教育教材和册子等。

抗战教育研究会的活动十分丰富，主要有：

第一，编辑书刊。

《战时教育》是抗战教育研究会的喉舌。1937 年 9 月 25 日创刊于上海，出版四期后于10月初迁到武汉。在武汉，《战时教育》每10天出版一期，开辟“时事研究”“时事谈话会”栏目，向读者介绍国际、国内时事，开展战时各种教育问题的研究，拟定各类具体方案和方法以供读者交流。

抗战教育研究会也编辑出版相关书籍，如《战时教育丛书》之《战时儿童教育》《战时工人教育经验谈》《蒋委员长抗战问答》，这些都是研究成果。

第二，提出方案。

研究抗战教育理论与实践问题，制定方案，供政府参考是抗战教育研究会的主要职责。在调查研究的基础上，抗战教育研究会制定了一些具体方案，如《儿童教育工作大纲》《伤兵教育工作大纲》等。

第三，宣传抗战。

抗战教育研究会开展了各种形式的抗战教育讨论，如在大中小学教师中开展活动，召开教育座谈会，主要讨论教育的改革和抗战教育的实施；以原国难教育社为主体，开展宣传组织工作，积极接待络绎不绝的来访者，答复群众来信；和其他团体合作，包括中华民族解放先锋队（民先）、青年救国团、孩子剧团、蚁社、汉口基督教女青年会等，互相支援开展抗日宣传活动。

第四，培训技能。

抗战教育研究会在中小学师生中举办抗日演讲会、讲习会、训练班等，如举办抗敌师资艺友班，招收中学程度青年，在工作的实践中，加以短期训练，一边造就有力的干部人才。

培训内容有的已经超出文化教育和思想动员的范畴，其中较为突出的是举办游击训练班。1937年底在武汉大学开办游击训练班（公开名称是“游击战术研究班”）。该训练班由八路军办事处派遣边章五、聂鹤亭协助，具体工作由刘明凡负责，叶剑英、李涛等人还应邀去做报告。学员主要来自武大，也有其他单位的人，主要是青年学生。训练的主要内容包括讲授游击战术、组织军事演习。

第五，教育工人。

抗战教育研究会计划成立工人、难民、伤兵、儿童教育队，负责各对象的教育工作。

对工人进行文化与思想教育是抗战教育研究会的重点。该会在武胜门外工人区开办工人夜校、识字班、抗日演讲站；在硚口开办了女工夜校；在武昌筷子街建立了图书室，建立了儿童班；在沙湖街建立了图书室，开展歌咏活动等。

在工人教育中，抗战讲演室曾引起舆论广泛的关注。1938年1月，先后成立第二、第三讲演室。据当时1938年1月30日《新华日报》报道：“第三讲演室设于武昌武胜门外马路街纱业工人教育馆内，已于本月二十六日午后开幕，到工友、群众、军警等六百余人，极一时之盛。第二讲演室设于武昌圣安德烈堂，昨天午后3时开幕，到民众军警二百余人。由该会常务理事白桃报告开办宗旨后，即由第六分局陶局长演讲，对该会教育群众、帮助政府抗战极为赞许。”[①] 第一讲演室也设在武昌。据1938年3月《新华日报》报道，第四讲演室设在硚口，第五讲演室将在汉阳开设。抗战教育研究会派人在讲演室讲演，用通俗的语言讲述最近的形势、中日的关系等抗战的知识，有时还举行戏剧演出、歌咏比赛等活动。

在教育工人中，中共湖北党组织还以抗战教育研究会的名义掩护省委纱厂工人工作委员会开展公开的活动。

抗战教育研究会在湖北大冶、宜昌、黄冈、京山等地设立了分会，其活动超出了武汉地理空间。不仅如此，它还推动了全国范围的抗战教育的发展——发起成立全国战时教育协会。1938年1月，抗战教育研究会联合在武汉的中国教育学会、中华职业教育社、中国儿童教育社等教育团体，积极进行筹备。2月

①《抗战教育会开办抗战讲演室》,《新华日报》1938年1月30日第4版。

12 日，全国战时教育协会建立。这是一个全国性的教育界统一战线组织。

随着武汉会战打响，日寇逼近武汉，在武汉的各机关、学校、工厂、团体、人员等继续西迁大西南。1938 年 7 月，敌机轰炸了武昌保安门、忠孝门等处，山前湖北省立医院等处一片狼藉，不少团体迁出武昌，但是抗战教育研究会却坚持留在武昌，除了继续进行抗战教育外，还协助政府疏散民众、抢救儿童、慰劳前线将士和城防部队、动员工人，等等。直到 1938 年 10 月，抗战教育研究会才西迁宜昌。不久，该会停顿。

粮道街名人

Liang Dao Jie Ming Ren

粮道街土生土长的三位名人：项英、伍修权、刘家麒

粮道街土生土长的名人不少，恽代英、黄负生、项英、伍修权、刘家麒都是近代史上的风云人物。恽代英、黄负生已有专文介绍，这里仅介绍项英、伍修权、刘家麒三人。

项英

第一位是项英，他出生在粮道街，学习在粮道街，也曾革命在粮道街。

项英（1898—1941），原名项德隆，又作德龙、飞龙，化名江钧、张成、韩应、江俊等，笔名夏英。祖籍湖北江夏县舒安乡，出生于武昌城粮道街区域的涵三宫（一说今江夏区）。出身于职员家庭。7岁入武昌育才小学，四年后转入私立日新学校。私立日新学校位于粮道街。1913年小学毕业时父亲去世，生活贫困。为了谋生，项英考入武昌模范大工厂当学徒，学习纺织技术，三年学满出师，留厂工作。

五四时期，爱国运动纷起，新思潮、新文化奔涌，在此环境下，项英受到影响，关心国家命运，痛恨腐败政府，同情工人阶级。在模范大工厂，他就开始发动工人运动。1920年4月，组织该厂罢工，并取得胜利。在他的领导下，该厂建立了工会组织。

1921年7月，中国共产党成立，成立伊始，就将工人运动作为中心工作。

1920年8月，建立领导工人运动的组织——中国劳动组合书记部。中国劳动组合书记部还创办了宣传工人运动的刊物《劳动周刊》，并在广州、武汉、北京等地建立分部，直接指导这些地区的工人运动。项英阅读了革命书刊，受到启发，他主动联系湖北党组织领导人包惠僧，在包惠僧的影响和帮助下，项英加入武汉分部，积极投入到江岸铁路工人俱乐部的组织中。他还创办夜校，在江岸铁路工人中开展文化教育与思想教育。1922年1月，俱乐部成立。在工人运动中，项英显示出很高的政治觉悟和卓越的组织才能。1922年4月，加入中国共产党。

1922年和翌年，项英参与领导了汉口扬子江机器厂工人罢工和英美烟厂工人罢工。1922年10月，湖北全省工团联合会成立，选举杨德甫为主席，林育南为秘书主任，项英为组织主任，李书渠为宣传主任，李汉俊为教育主任。此后，项英参与领导了汉阳钢厂罢工、二七大罢工等工人运动，并任中华全国总工会委员长，是中共早期工人运动著名的领袖。

项英参加了党的二大和三大，在三大上当选为中央执行委员会委员，此后，他是第四至第六届中央委员会委员。他也是湖北早期党组织的领导人之一。1926年12月，中共湖北区委兼武汉地委，张国焘任书记，汪泽楷（后周慰真）、项英主管组织工作，蔡以忱、陈潭秋（后罗章龙）主管宣传工作，李立三主管工人运动，陆沉主管农民运动，董必武主管国民运动，聂荣臻任军委书记。区委机关就设在粮道街。

大革命失败后，项英曾任江苏省委书记，中央政治局常委，中共长江局书记，中共苏区中央局代理书记等职。1934年中央革命根据地主力长征后，他继续留在根据地从事游击战争，先后任苏区中央分局书记，中央军区司令员兼政治委员，中央东南分局书记、新四军政委等职。1941年，在皖南事变中牺牲。

伍修权

第二位是伍修权，他出生于粮道街，成长于粮道街。

伍修权（1908—1997），曾用名吴寿泉，祖籍湖北大冶，后迁至湖北阳新。祖父、父亲在湖广总督衙门任文职，家居粮道街区域的戈甲营。1911 年 10 月 10 日，武昌起义爆发，祖父、父亲失去工作，家境衰败。1920 年，伍修权进入武昌高师附设单级学校学习，次年进入高师附小学习。1922 年秋，陈潭秋来附小执教，任五年级级任导师。陈潭秋利用教师身份，从事革命活动。在学校，陈潭秋给学生介绍马克思主义，引导学生成长。在陈潭秋教育下，伍修权接受了马克思主义。正如他所说："陈潭秋同志成为我们思想上的启蒙人，也成为我走上革命道路的第一个引路人。"①1923 年冬，陈潭秋发展伍修权加入社会主义青年团。1924 年，伍修权从附小毕业，不久，进入武昌高师附中学习。1925 年，被党组织选送到莫斯科中山大学学习，后入莫斯科步兵学校。1929 年毕业，在苏联远东边疆保卫局工作，转为苏共党员。

1931 年，伍修权回国，先后在上海、武汉、中央苏区等地从事革命，任红军学校教员、中央模范团政委、红三师政委等职，后任共产国际军事顾问李德的翻译。1934 年，随第一方面军长征，先后任红三军团副参谋长、红十五军团第七十三师参谋长、陕甘宁边区政府秘书长等职。

抗日战争时期，伍修权曾任八路军兰州办事处处长、中央军委一局局长等。解放战争时期，历任中共中央东北局委员，东北军区司令部参谋长，东北民主联军第二参谋长、东北军区参谋长兼军工部政委等职。

中华人民共和国成立后，伍修权先后担任外交部苏欧司司长、副部长、中国驻南斯拉夫首任大使、中共中央对外联络部副部长、中国人民解放军副总参谋长等职。

伍修权是著名的中国人民解放军领导人，无产阶级革命家、军事家、外交家，第三届中国人民政治协商会议常务委员会委员，第四届全国人民代表大会常务委员会委员，中国共产党第七、第八、第十一、第十四次全国代表大会代表，第十五次全国代表大会特邀代表，第八届、第十一届中央委员，第十二届、第十三届中央顾问委员会常务委员。

中华人民共和国成立后，伍修权曾回戈甲营探亲。

第三位是刘家麒，他出生于粮道街，求学于粮道街，早期活动于粮道街。

---

① 伍修权著:《伍修权回忆录》，中国青年出版社 2009 年出版，第 14 页。

刘家麒

刘家麒（1894—1937），字铮磊、锡侯，湖北江夏（今武汉市武昌区）人，出生于粮道街区域的得胜桥（今得胜桥148号）。故居是江夏民居风格，砖木结构院落，粉墙黛瓦，单层。大门临街，三进，进去是甬道，再进去则是天井、正厅、后厅、后院。

刘家麒早年在粮道街接受私塾教育，后入武昌勺庭中学学习。读书期间，受到资产阶级革命思潮的影响，参加了革命团体日知会。日知会位于高家巷，也在粮道街区域。1911年10月10日，武昌起义爆发，刘家麒参加了学生军，随军驻守黄州。

民国肇建，刘家麒先后考入湖北陆军小学堂、陆军第二预备学校，1916年转入保定军官学校，毕业后在东北边防军任职。1926年任国民革命军第四军炮兵第一团团长，1931年任第九军第五十四师少将参谋长，后相继升任旅长、师长。军旅期间，曾入陆军大学学习。

1937年7月7日，抗日战争全面爆发。9月初，刘家麒率部北上抗日，10月，到达山西忻口前线，参加太原会战。刘家麒积极备战，决心勇猛杀敌。在日记中他写道："大敌当前，须虚心筹划，以克强敌，蓄志如此，不卜将来如何。"①10月16日，刘家麒与第九军军长郝梦龄在前线亲自督战，不幸中弹，英勇殉国。10月24日，刘家麒、郝梦龄两位英雄的灵柩运抵武汉，各界代表纷纷前往车站迎接。11月15日，武汉举行追悼大会，全市下半旗致哀。在追悼会上，刘家麒夫人严希曜祭读了自己撰写的《祭祷亡夫》。

> 铮君灵席，温温其貌，奕奕其神，遥传噩电，犹冀非真，遗像在座，笑容可亲，如闻謦玉，欲共咨询，十问莫答，一死莫伸，食不启口，饮不到唇，帏幔共泣，雪泪沾巾，呜呼已矣，抱痛无垠。②

---

① 刘家麒：《忻口抗战日记》，全国政协《晋绥抗战》编写组编：《晋绥抗战》，中国文史出版社1994年版，第102页。

② 武汉市武昌区档案馆编：《首义之城武昌百年回眸》，2012年编印，第201页。

武汉各界迎接郝梦龄、刘家麒灵柩

12 月 6 日，国民政府明令给予褒扬，追赠郝梦龄为陆军上将，追赠刘家麒为陆军中将。中国共产党给予郝梦龄、刘家麒高度评价。1938 年 3 月 12 日，中共在陕北召开纪念孙中山逝世十三周年及追悼抗敌阵亡将士大会。在大会上，毛泽东发表讲话，向阵亡将士表示悼念，他说："我们真诚地追悼这些死者，表示永远纪念他们，从郝梦麟，佟麟阁，赵登禹，饶国华，刘家祺，姜玉贞，陈锦秀，李桂丹，黄梅兴，姚子香，潘占魁诸将领到每一个战士，无不给了全中国人以崇高伟大的模范。"[①] 郝梦麟即郝梦龄，刘家祺即刘家麒。

郝梦龄、刘家麒两位将军的灵柩葬于武昌卓刀泉伏虎山，可惜，20 世纪六七十年代，刘家麒墓被毁，至今没有恢复。为纪念他们，汉口两条马路分别以他们的姓名命名，即郝梦龄路、刘家麒路。刘家麒是抗战期间牺牲的武汉籍将领中军衔最高者，2015 年，被湖北省政府批准为革命烈士。

① 中央档案馆编:《中共中央文件选集》第 11 册，中共中央党校出版社 1991 年版，第 851 页。

辛亥志士、中国著名地质学家李四光

李四光

湖北黄冈市是著名的人才之乡，隶属该市的团风县就是人杰地灵之地，林育南、林育英、林育容（林彪）林氏三兄弟、熊十力、殷海光、包惠僧、王亚南、徐会之等在中国近代都是声名显赫的人物，年纪最小的中国同盟会会员、地质学家李四光就蜚声中外。

李四光（1889—1971），名四光，号仲揆，谱名乐会。蒙古族，湖北省黄冈县回龙山镇人。祖父、父亲都是塾师。父亲李卓侯在民国时期还曾担任黄冈县高等小学校校长。他培养出来的名人不少：陈潭秋、林育南、林育英、王亚南等。辛亥革命时期，李卓侯曾与黄冈著名的革命党人吴贡三、殷子恒过从甚密。吴贡三、殷子恒等人曾在黄冈建立鸠译书社，编印革命书籍，运往武汉等地，输入新军和学生，甚至普通民众。其所编宣传革命的书籍《孔孟心肝》就曾请李卓侯润色。李四光少年时代就参加革命党，原因之一是受到父亲的影响。

李四光五岁入私塾，后受业于父亲。1902 年，赴武汉投考新式学堂，填写报名表时，因将年龄十四填入姓名栏目，遂灵机一动，改名李四光。李四光进入西路高等小学堂学习，这是张之洞创办的新式小学。1904 年，因成绩优异，被保送到日本留学，入东京宏文书院。在此期间，与宋教仁、马君武交往密切。

李四光留学日本时，中国资产阶级民主革命蓬勃兴起。孙中山是中国民主革命的先行者，早在1894年，孙中山在檀香山建立了中国第一个资产阶级革命团体兴中会，喊出“振兴中华”的第一声，次年，回到广州，策动广州起义，失败后被清政府通缉，流亡海外。1903年前后，留学日本的中国学生纷纷走上革命道路，为革命政党的建立奠定了基础，孙中山也成为青年学子的偶像。1905年，孙中山来到日本，与留学生领袖黄兴、宋教仁等取得联系。8月20日，在东京领导建立了中国同盟会。中国同盟会的纲领是“驱除鞑虏，恢复中华，创立民国，平均地权”，孙中山将这十六字纲领概括为“三民主义”。在日本留学的李四光参加了同盟会，成为少年革命党人，是年纪最小的同盟会员之一，年仅16岁。孙中山勉励李四光，要“努力向学，蔚为国用”。李四光聆听了孙中山的演说，印象十分深刻，后来回忆说：“孙先生讲演，极为流畅，极为透彻。”①李四光还参加了一些爱国活动，如抗议日本政府颁布的取缔清国留学生规则。

1907年，李四光从宏文书院毕业，考入大阪高等工业学校，学习船用机械。该校于1899年开设，开办机械、应用化学、造船、酿造、船用机械等专业。学制三年。1910年，李四光以优异的成绩毕业。同年回国。

李四光回国后，先在上海一家兵工厂工作，后被清政府安排到湖北中等工业学堂（今武汉科技大学前身）工作，任教员、翻译，兼学校工厂经理员，此时，学校工厂在行政上具有相对独立性，经理员即是厂长，与学校监督（校长）地位相等。湖北中等工业学堂的前身是湖北工艺学堂，原址在蚕桑局，后迁移到原江汉书院旧址，1907年搬迁至昙华林道师范学堂旧址（今武汉市第十四中学校园）。

湖北中等工业学堂是一所职业中学，开设理化、机器制造、染织、建筑等科，学制四年。学校十分重视学生实践能力，设有木工、锻工、翻砂、打磨等工厂。学校工厂配备当时较为先进的设备，1904年就有蒸汽机15台，张之洞曾要求学生亲自操作，不许弄虚作假。学校搬迁至昙华林后，学校分预科与本科。1909年，预科生完成学业，升入本科，此时急需到工厂实习。李四光执教于该校并任工厂经理员的时候正是学校工厂草创时期。可见，李四光的任务非常艰

① 马胜云、马兰编著：《李四光年谱》，地质出版社1999年版，第14～15页。

巨。可惜，关于李四光执教的情况，没有留下太多的史料。执教期间，学生与学校监督发生冲突，引发著名的学校风潮，由于学堂监督处理学生过于严厉，李四光同情学生，曾参与调解，化解矛盾。他还秘密参与了一些革命活动，在武昌发展革命力量。他与学生陈磊交往较多，引导其参加革命。陈磊是陈潭秋的胞兄，与李四光是黄冈同乡（今湖北团风县），后来成长为共进社核心成员。

李四光在湖北中等工业学堂执教的时间很短，自1910年秋至次年9月到学部参加留学归国人员的考试，不到一年。

根据清政府规定，官派留学生留学归国，须参加学部组织的考试。李四光参加了考试，10月成绩公布，李四光获得工科进士，名列最优等的59人之中。不久，武昌起义爆发。李四光在北京获知消息后，赶回湖北，参加革命政权的建设，任理财部参议。在阳夏战争中，与湖北军民抵御南下镇压革命的清军，保卫革命果实。1912年2月，任湖北军政府实业部部长。南京临时政府成立后，各省实业部改为实业司，李四光任湖北军政府实业司司长。8月提出辞职，要求官派出国留学。

1913年，李四光赴英国伯明翰大学留学，攻读采矿专业，后转入地质系，兼修物理学，先后获学士、硕士学位。1920年，李四光回国，先在中央政府农商部任职，旋执教于北京大学地质系，任教授，开始了在地质学等诸多领域的研究。1928年，又到南京担任中央研究院地质研究所所长，后当选为中国地质学会会长。1948年，当选为中央研究院院士。1949年10月1日，中华人民共和国成立。在国外的李四光闻讯后回国，参加新中国的建设，先后担任了地质部部长、中国科学院副院长、全国科联主席、全国政协副主席等职。1958年加入中国共产党。

李四光知识渊博，涉猎地质学、物理学、化学诸多领域，形成自己独特的研究方法与途径，在地层、古生物研究上，在中国第四纪冰川之发现及亚冰期的划分方面，在地质力学领域，李四光都有突破性的成果，取得了丰硕的成果，是新中国地质事业的奠基者。

李四光把理论运用于实践中，为中国建设做出了卓越的贡献。中华人民共和国成立之初，中国急需石油，但中外科学界都认为中国是贫油国，李四光独辟蹊径，大胆地提出，中国储存有大量的石油。1955 年，中央任命他担任石油普查委员会主任。李四光给地质部提出了很多建议，提出中国松辽平原、华北平原、江汉平原具有储藏石油的条件。根据李四光的理论，大庆油田、华北油田、江汉油田等相继开采。同时，李四光的地质力学理论为镍矿等金属矿产的发现和开采也提供了理论依据。李四光成为享誉全世界的杰出的科学家，因此也受到毛泽东主席的接见和高度赞扬。

1971 年 4 月，李四光因病去世。其著作《李四光全集》400 万字，由湖北人民出版社于 1996 年出版。武汉科技大学在校园竖立了李四光铜像。

粮道街成就的经济学家、教育家王亚南

在中国近现代史上，王亚南声名卓著，仅以《资本论》（全三卷）的首次翻译者之一之名，就足以载入史册。他的桂冠还有——著名的经济学家、教育家。他的学识与思想基础，是在粮道街奠定的，在这里，他接受了中学教育和大学教育。

王亚南

王亚南（1901—1969），字直淮（植槐），号渔邨，湖北黄冈县团风镇（今团风县）人。5岁入私塾，12岁入黄冈高等小学堂，1915年考入湖北省立第一中学（今武汉市第十四中学）。在中学时期，王亚南学习特别勤奋，晚上他还要到一位方姓商人家里做家庭教师，挣学费和生活费。1919年毕业，在小学教书。1921年，再次赴粮道街，考入中华大学教育系，辅修中文和英语。在大学期间，他一面学习，一面做家教，还在楚材中学兼课。紧张的学习之余，他还翻阅了一些宣传新文化、新思想的书刊，参加了一些学生运动。在中学和大学阶段，王亚南确立了改造社会的理想，对各种思潮特别是社会主义思潮给予了很大的关注。1926年，大学毕业。在中学、大学阶段，王亚南经历了新文化运动、五四运动、马克思主义传播、中共湖北早期组织创立、国共合作与大革命、五卅运动等重大历史事件，而粮道街则是湖北这些重大历史事件发生、发展的舞台。可以说，王亚南在粮道街求学的九年正是他世界观的形成时期，粮道街对他的影响是相当大的，这是他追求进步，反对帝国主义、封建专制主义、官僚资本主义的思想源泉，是他积极研究、宣传马克思主义理论特别是马克思主义经济学说的精神动力。他在中学、大学阶段刻苦求学、博览群书，为他成长为经济学家、教育家奠定了深厚的基础。

大学毕业后，王亚南曾在中学教书，也在北伐军中任职过。1928 年春夏之交，王亚南东渡日本留学，钻研古典政治经济学，着手翻译李嘉图的《经济学及赋税之原理》、亚当·斯密的《国富论》等著作。1931 年，他与郭大力合译的《经济学及赋税之原理》《国富论》出版，产生了很大的影响。

王亚南具有强烈的爱国主义思想。九一八事变爆发，日寇侵略东北，王亚南回国，他一面从事翻译与理论研究，一面积极参加抗日救亡和抗日文化工作。1932 年 1 月 28 日，淞沪抗战爆发，十九路军对日寇进行英勇还击，不久，被蒋介石调往福建，围剿红军。1933 年 11 月 20 日，李济深、陈铭枢、蒋光鼐、蔡廷锴等人以国民党第十九路军为主力，在福建福州召开大会，决定成立中华共和国人民革命政府，对外取消外国的治外法权，废除不平等条约，对内实行联共反蒋方针。王亚南积极参加十九路军的抗日反蒋活动，出任政府文化委员会委员兼人民日报社社长。1934 年 1 月，蒋介石派兵攻占福州、泉州、漳州等地，福建事变失败。王亚南被通缉，被迫流亡欧洲。

1935 年，王亚南回国，不久与郭大力合作，着手翻译《资本论》。1937 年，他从上海西迁至武汉。1938 年，在战火纷飞中，完成了《资本论》的翻译，三卷本由读书生活出版社出版。《资本论》全译本出版后产生了巨大的影响，为国人全面、系统地了解马克思主义经济学说，为马克思主义的传播，提供了良好的条件，做出了重大贡献，因而获得广泛的赞誉。

1940 年，王亚南赴中山大学任教。在中山大学，他开设高等经济学课程，宣讲马克思主义经济学理论，撰写、发表《中国经济原论》（1946 年出版）等论著。1944 年，王亚南赴福建，在福建战时省会永安任福建省研究院社会科学研究所所长，兼厦门大学教授，此时，厦门大学迁至福建长汀。抗战胜利后，王亚南任职厦门大学，曾任该校法学院院长兼经济学系主任。1948 年，他的名著《中国官僚政治研究》由上海时代文化出版社出版。该书揭示了中国封建官僚政治的发生、发展及其在现代的转型，揭示了国民党新官僚政治的本质，阐述了建立民主政治的必要性和必然性。

1949年，国民党政权瓦解前夕，为摆脱国民党的控制，王亚南被中共安排到香港、北京等地。1950年，他被中共领导的中央人民政府政务院任命为厦门大学校长。在担任厦门大学校长的近20年中，王亚南严谨治校，积极改革，重视人才，精心育人，为中国高等教育的发展做出了杰出的贡献，他的教育论、人才论、教学论是中国高等教育重要的教育思想。1957年，王亚南加入中国共产党。在教育管理之余，他从事教学与科学研究，出版了《中国地主经济封建制度论纲》等。1969年11月13日，王亚南在上海辞世。

王亚南著作等身，成就斐然。除上述著作外，他还出版了《现代世界经济概论》、《欧洲经济史》（译著）、《现代外交与国际关系》、《世界经济机构总体系》等。据不完全统计，王亚南出版学术著作和译著40余部，发表论文300余篇。其著述被整理后，先后出版《王亚南文集》五卷本和《王亚南全集》十五卷本。他倡导建立中国经济学，在中国社会经济形态、中国官僚政治、中国经济思想史等领域，进行了开创性研究，是中国马克思主义经济史学的开创者。

王亚南是中国科学院哲学社会科学学部委员、常委，全国第一、二、三届人大代表，曾任福建省政协副主席、福建省哲学社会科学联合会副主席等。

一身三任的革命家、教育家、企业家孙耀卿

孙耀卿（1884—1937），别名自悟，湖北省汉阳县（今武汉市蔡甸区）奓山人。少聪颖，有大志，弃八股而习新学。1900年官费留学日本，入名古屋高等工业学校。名古屋高等工业学校是日本明治维新的成果。日本实行明治维新后，在全国设立了五所帝国大学、十所高等工业学校，名古屋高等工业学校即是其中之一。该校以土木专业见长，注重学以致用。

孙耀卿入校后攻读纺织专业。在日本留学期间，孙耀卿勤奋好学，注重实践，常常到实习工厂练习，成绩名列前茅。1905年，中国民主革命的先行者孙中山到日本开展革命活动，创建中国第一个资产阶级革命政党中国同盟会，以三民主义为政纲，在东京的中国留学生纷纷加入。作为一位具有强烈爱国思想的青年，孙耀卿自然就加入同盟会，并和孙中山合影留念。

1910年，孙耀卿学成回国，执教于京师高等实业学堂。该校创办于1903年，系清政府农工商部所办，最初设立机械、电气、矿学、应用化学等科，后增设采矿、机织等科。该校学制为五年，即补习科两年，正科三年，学额120名。1904年正式开课，1910年，第一届学生毕业。1912年更名为北京高等工业学校，设立机械、电气、化学、染织四科。

1911年10月10日，武昌起义爆发。辛亥革命后，孙耀卿回到湖北，后来在湖北省立甲种工业学校任教。进校时，孙耀卿是一名教师，讲授“机织法”，这是染织专业的主课。染织专业原是实业补习学校开设的专业，1914年并入湖北省立甲种工业学校。孙耀卿在日本留学时学习的专业也是染织，来校讲授

染织专业的核心课程，由此推断，他来到昙华林的时间，应该是 1914 年。他知识渊博，学风严谨，深得学生爱戴。1925 年，他辞职离开学校，上这门课的教师换了好几个，但学生都不满意，学校只得聘请他兼职上课，直到一年之后离开。可见其专业功底之深。1915 年，孙耀卿担任湖北省立甲种工业学校校长，任职长达十年之久。他在任的十年是学校快速发展的十年。

作为湖北省立甲种工业学校任职时间最长的校长，在学校建设尤其人才培养上，孙耀卿功不可没。甚至有人说，旧中国纺织工业界的技术骨干人才，多数出自他的门下。所以，孙耀卿颇受师生敬重："以耀卿先生渊博的学识和严谨的学风赢得全校师生的拥戴。"①

当然，在孙耀卿任内，该校也涌现出一批具有国民党党籍或无党籍政治、经济、军事人才，如企业家萧厚生、关汉勋，抗战将领、国民党第十集团军副总司令夏楚中，抗战将领、中将师长丁炳权，民国时期的汉口市长徐会之等。

1925 年，孙耀卿被派往日本东京，任中国留学生监督，数月后回国。1926 年，任职湖北省教育厅，旋改任建设厅股长、技正，负责监督湖北纱、布、麻、丝四局的生产。1929 年，孙耀卿出任武昌第一纱厂厂长，次年，任石家庄大兴纱厂副厂长兼总工程师。1933 年，再回武昌第一纱厂，任董事兼工程师，直到 1935 年。

武昌第一纱厂是当时著名的大企业，位于武胜门外长江边上。1915 年成立董事会，1919 年正式投产。投资者是武汉鼎鼎有名的工商企业家李紫云、程栋臣、程沸澜、刘鹄臣等人，其中，李紫云为汉口商会会长。纱厂建立时，李紫云为董事长。纱厂设备从英国进口，技术工人来自上海，开工后两年盈利颇丰，后来亏损很大。有人认为，孙耀卿在厂任职期间革新工艺，扭亏为盈，实际上，并未彻底改观。自 1921 年至 1924 年，企业亏损超过千万元。主要原因是英国商人造成的经营失误。英商安利英洋行见有利可图，主动提出为纱厂投资，以扩大生产，并代购织布机，由于织布机质量很差，不能使用，加之盲目扩张，导致企业亏损，长期处于负债之中，在此种状况下，孙耀卿也难以扭转乾坤。

① 卢逊：《湖北甲种工业学校校长：致力于纺织事业的孙耀卿》，《湖北高工百年纪念集（1907—1927）》，《湖北高工百年纪念集》编委会 2007 年编印，第 218 页。

石家庄大兴纱厂是华北著名的企业。1919 年开始筹备，1922 年开工生产，投资人是湖北商人徐荣廷，资金来自其湖北的企业楚兴公司，经理最初是张英甫，后改石凤翔为厂长。石凤翔毕业于日本国立京都高等工业学校，其专业是纺织。曾在湖北省实业厅就职，任技士，也曾在昙华林的湖北省立甲种工业学校任教。在大兴纱厂，孙耀卿与其共事。在共同经营下，纱厂效益很好，但是，九一八事变后，日本垄断东北市场，提高棉纱关金，致使依赖东北市场的大兴纱厂成本大增，1933 年，大兴纱厂出现亏损，而此时，两人的矛盾也越来越严重，最后，孙耀卿离开大兴，再次回到武昌第一纱厂。在多灾多难的旧中国，民族企业生存艰难，无论是武昌第一纱厂，还是石家庄大兴纱厂，都是如此。缺乏强大国力的支撑，再优秀的企业家恐怕也难以为继。

来自粮道街的中国奥林匹克第一人宋如海

说起中国奥林匹克第一人，不少书刊都提到刘长春。刘长春是参加 1932 年美国洛杉矶奥运会的唯一一名中国运动员，这也是中国首次派运动员参赛。其实，中国奥林匹克第一人是宋如海，只不过他不是运动员，而是 1928 年中国政府派出参加阿姆斯特丹奥运会的正式代表。

宋如海

宋如海（1890—1958），安徽怀宁人。自幼生活于武汉，1903 年在湖北武昌接受基督教洗礼。1916 年从金陵大学毕业后在教会工作，受西方文化影响，喜欢体育运动，经常参加足球、骑马、体操、游泳、跳水等运动。

1916 年，宋如海任武昌基督教青年会体育干事，1921 年升为总干事。武昌青年会正式成立于 1913 年，地址在武昌三道街，时任总干事是美国人朱尔丹。基督教青年会是社会服务团体，除传播基督教外，也开展大量的文化体育活动。作为爱好体育的青年会干事，宋如海在武昌各学校大力提倡、推广体育运动。他是文华大学的体育教师，1922 年前后兼任湖北省立甲种工业学校体育教师。

1928 年，宋如海任汉口基督教青年会总干事，也就是在这一年，宋如海成为中国奥林匹克史上的第一人。1928 年 7 月 28 日至 8 月 12 日，世界第九届奥林匹克运动会在荷兰的阿姆斯特丹举行，中国受邀参与盛会，但中国奥运委员会委员、中华体育协进会会长、外交部部长王正廷公务繁忙，无法抽身，于是，请宋如海代替。宋如海正在美国春田学院留学，他还有一个身份就是中华体育协进会名誉干事。这样，宋如海就以中国副代表和观察员身份参加奥运会，正代表则是中国驻丹麦大使罗忠贻。宋如海之行比刘长春 1932 年以运动员身份参加奥运会还早四年，因而成为中国奥运第一人。当然，在半殖民地半封建的中国，体育运动水平很低，当年也没有派运动员参赛，但毕竟与全球体育盛会有了直接的接触。宋如海从美国到了荷兰。本届奥运会盛况空前，观众达 35000 人之多，宋如海身临其境，感慨良多，他对奥运会拼搏进取的精神深感赞同，渴望中国走上体育竞技舞台，情急之下，他将英文“奥林匹克”音译为中文“我能比呀”，表现出炽热的爱国情怀。这一翻译，又使他成为“Olympic”的第一个中文翻译者。不仅如此，宋如海还是中国系统报道奥林匹克运动会的第一人。他把在荷兰出席第九届奥运会的观感与经历，写成《我能比呀》系列通讯，于 1928 年 8 月至 10 月在上海《申报》发表，篇幅达 6 万字。1930 年，上海商务印书馆出版了他撰写的著作《我能比呀》，并收入《世界运动会丛录》。

《我能比呀：世界运动会丛录》内容丰富，图文并茂，包括奥运会会歌，场景和比赛照片，足球场、篮球场、棍球场、网球场等球场平面图，各种比赛成绩表。书中主体是收录《“我能比呀”运动会之历史》《世界我能比呀运动会之组织》《记参与第九次世界运动会之盛况并述我见》等文章。在书中，宋如海介绍了奥林匹克运动会的历史、组织结构，本次奥运会基本情况和他参加此次奥运会的观感。这是中国最早、最真实、最详细介绍奥运会的书籍。中国奥运委员会委员、中华体育协进会会长、外交部部长王正廷评价说：“将来吾中华民族能达到自由平等之地位，窃谓斯编与有功焉。”①

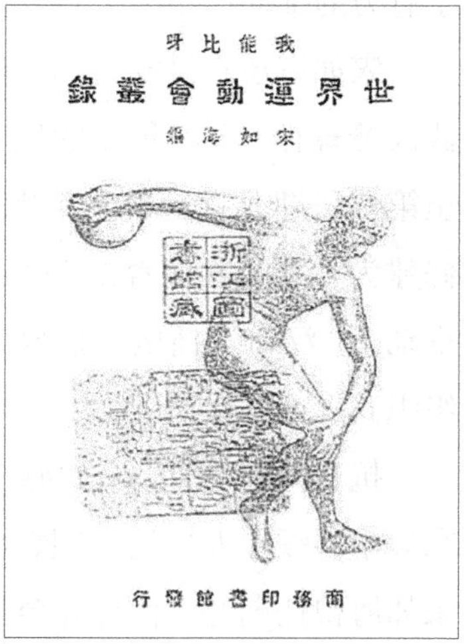

《我能比呀：世界运动会丛录》封面

① 宋如海编：《我能比呀：世界运动会丛录》，上海商务印书馆 1930 年版，序一。

宋如海是中华体育协进会名誉干事。该会成立于1924年的上海，成立后，对内担负起领导全国体育事业的责任，对外建立与国际体育组织的关系，参加了田径、游泳、体操、网球、足球等国际单项运动联合会。该会1927年在上海举办了第八届远东运动会等赛事。

1936年5月，宋如海当选为第十一届奥运会中国代表团干事，再次出席在德国柏林举行的奥运盛会。同年，他与王正廷、张伯苓等45人发起成立中华体育协会。

宋如海是著名的体育活动家，与清华大学体育系的马约翰并称中国体育界的"北马南宋"。1923年，宋如海召集湖南、湖北、江西、安徽四省代表在武昌开会，建立华中体育联合会，会址设在汉口中山公园，这是华中地区第一个体育团体，宋如海主持日常工作。该团体在武昌举办了第一届华中运动会。1924年，又在武昌举办了第三届全国运动会，这届运动会离上届已有十年之久，在此次全国运动会中，首次设立女子项目。1931年，第五届华中运动会又在武昌举行，宋如海主持各项工作。这些运动会对武汉和湖北体育运动的发展，起到了有力的推动作用。

宋如海还直接发起、组织武汉本地的体育活动。从1931年，他发起组织了武汉篮球循环赛，每年的比赛持续2个月。1924年至1937年，他组织了第一至第八届湖北省运动会。此前，他与湖北当局交涉，要求将前陆军小学堂校址修建为省立公共体育馆，得到采纳，第三届全国运动会就在此处举行。在他的推动下，汉口广播电台播放广播体操，这在武汉也是第一次。此外，他还参与组织武汉市民运动会。

抗日战争时期，宋如海曾陪同国际学生联合会代表团访问延安，受到毛泽东等中共领导人接见，被授予"抗大荣誉战士"称号。中华人民共和国成立后，宋如海曾任湖北省体育分会常委、武汉市水上运动协会主席。

宋如海撰有《二十二年来之中国体育》《青年会对于体育之贡献》等文，编有《我能比呀》著作。

近代纺织业实业巨子石凤翔

在中国近代纺织史上，石凤翔是不可或缺的人物，他曾亦商亦学，商有成就，学有著述，既是企业家，也是教育家。他获得的赞誉颇多："西北纺织大王""西北富豪""纺织界大亨""著名企业家""一代经济巨子"等。

石凤翔

石凤翔（1893—1966），原名志学，湖北省孝感县滑石冲（今孝感市孝昌县）人。世代耕读，父石忠仪弃农从商，在石凤翔12岁时病亡。石凤翔兄弟五人，他排行第三，8岁入私塾，1907年随长兄石志泉赴日本，学习日语、英语、算学等课程，后入成城中学，毕业后入京都高等工业学校，攻读纺织专业。石志泉毕业于日本东京帝国大学法学专业，曾任国民政府司法院副院长、总统府资政等。石凤翔1915年毕业后，进入日本内外棉纺织株式会社之西之宫第二纺织工厂实习。

1917年，石凤翔回国，任保定甲种工业学校教务长，不到半年，辞职南下，任湖北省实业厅技正，兼任湖北省立甲种工业学校教师。湖北省立甲种工业学校开设了纺织专业，建有织布厂、染印厂，购置了提花机、印花机、打花机、制丝机、光纱机等设备。石凤翔在学校讲授纺织专业课程。他在日本一年多的实习为他讲授专业课程奠定了很好的基础。他回忆说："实习工作事项，最初为明瞭机器构造，到机器保养处工作，每日所司之事，先则为拆机器，搬机器，清除机件灰尘及擦锈，后则学安装机器；此项工作完毕，则帮转运部女工结纱头及落纱管，同时写实习日记，如此一年后，其获心得，诚非始料所及，可以说实习一年胜读十年书，敢说由余设计一工厂，自厂房建筑以及机器选择配置乃至安装运用，任何方面彻底明瞭，决不含糊。”① 所以他对该专业的理论与实践都很熟悉。他特别重视学生的实践，亲自带学生赴企业实习。有一次，他在梳棉机旁给学生讲解机器构造与功能时，衣服不慎被机器卷进，以至于一只手被扎断。他与国内纺织界的联系也比较多，常利用各种关系推荐学生到企业就业。他留给学生很好的印象：“他们之所以能够从事他们所学的专业工作，还得力于学校教师石志学（即石凤翔）、方博泉等的私人关系。”②

在湖北省立甲种工业学校执教期间，石凤翔与湖北民办纺织企业楚兴公司关系密切，为其提供技术指导和管理经验，不仅使其效益有较大提高，而且指导其培养了技术人才。

在石凤翔的推动下，1918 年，湖北楚兴公司创办了楚兴纺织学校，并聘石凤翔为校长兼教员。湖北楚兴公司创建于 1913 年，创办人是湖北商人徐荣廷，该公司租借清末张之洞所建湖北纱、布、丝、麻四局厂房，逐步发展而成。同时，湖北楚兴公司又在武昌建立裕华纺织公司，聘石凤翔为总工程师。石凤翔既是具备丰富理论知识的教师，又是具备实际技术的企业总工程师，有利于培养应用型技术人才。他亲自带领两个学校的毕业生到南通的纺织厂实习，赴上海、山东、天津等地开展调研，学生毕业后，或留厂，或到其他纺织企业工作。

石凤翔后来长期从事纺织企业的技术、经营管理工作，成为著名的企业家，但他仍然钟情于纺织技术人才的培养。20 世纪 30 年代，石凤翔担任西安大华纱厂经理兼厂长时，建立大华纺织专科学校，招收高中毕业生进行专业技术训练，为企业培养技术人才。1947 年，湖北裕华纱厂在武昌创建江汉纺织专科学校，石凤翔担任校长。该校 1947 年招收一届学生，其后停招，中华人民共和国

---

①《石志学自传》，《孝感文史资料（孝南文史资料）》第 5 辑（工商经济专辑），中国人民政治协商会议湖北省孝感市委员会 1988 年编印，第 170 页。

② 王献猷：《武昌第一所工业专业学校》，《武昌文史》第三辑，中国人民政治协商会议武汉市武昌区委员会 1987 年编印，第 154 页。

成立后由中南军政委员会轻工业部接管，1950年起恢复招生。1951年，改名为中南纺织专科学校，由中南纺织管理局领导。1952年，中南纺织专科学校并入华东纺织工学院，即现在的东华大学。晚年，他在台湾建议政府开办纺织训练班，推动台北工业专科学校设立纺织科。

石凤翔参与创办的学校具有鲜明的特点，即着眼于企业技术的需要，注重理论与实践的结合，应用性很强，毕业生受到各纺织厂欢迎。

除了纺织教育，他对基础教育、学前教育也鼎力支持。他在家乡曾创办过念慈中学，以此纪念其母亲。他在台湾支持其女儿创办了宜宁中学，设有奖学金和200余人的免费名额，他还集资创办了6所幼稚园。

石凤翔参与创办或经营的企业有近10个，有的企业在中国纺织界首屈一指。在中国纺织界，他的管理经历十分丰富。

一是担任武昌裕华纺织公司总工程师。裕华纺织公司为楚兴公司和汉口股东合资组成，纺锭四万二千枚，织机六百台，总经理张松樵虽不懂技术，但善于管理。裕华纺织公司建立时正值第一次世界大战期间。由于帝国主义国家忙于世界大战，无暇东顾，因此，中国纺织业得到了短暂的发展机会，这就是所谓的黄金时期。在这个阶段，中国纺织业发展较快，许多企业就是在这个时期建立起来的，并且暂时处于盈利状况。湖北也是如此，武昌就有数家纺织企业。但是，许多企业并不重视人员素质的提升，聘用的老工人技术陈旧，却拒绝接受学校毕业生。而裕华纺织公司则不同，公司管理人员基本上是湖北省立甲种工业学校和楚兴纺织学校毕业生，受过石凤翔的训练，工人也出身于学徒，掌握最新技术，所以，“本厂机器生产量之多及出货品质之优，在中国已首屈一指。”裕华的做法引起各厂的纷纷仿效，这就提高了整个纺织业的水平：“我国轻工业之纺织业有今日之成就者，实赖其主事者能提早觉悟有以致之也。”①

二是担任石家庄大兴纱厂厂长。1922年，湖北楚兴公司改名为大兴公司，并在石家庄建立大兴纱厂。大兴纱厂投产后产量较低，效益不高，大兴公司派石凤翔前去解决问题。石凤翔立即进行改进，更换皮带盘，加快车速，产量因

①《石凤翔自传》，《孝感文史资料》第6辑，中国人民政治协商会议湖北省孝感市委员会1989年编印，第189～190页。

石家庄大兴纱厂

而大增。石凤翔也因此被任命为该厂厂长。在大兴纱厂 9 年中，石凤翔“惨淡经营，不遗余力，数年间，增设纺织染全套设备及纱机一万锭，1500 千瓦透平发电机一台，织毯机八台。所出‘山鹿’、‘八卦’等牌粗细布，深受民众欢迎，有力地阻止了外货的倾销。虽在军阀连年内战中，该厂亦获利甚厚，成为北方各省工厂的模式”。[1] 该厂几经变易，在中华人民共和国成立后演变为石家庄棉纺七厂。

三是担任西安大华纱厂经理兼厂长。1934 年，湖北大兴公司在西安火车站附近购置土地，建立纱厂。1936 年投产，这就是大兴二厂，后易名为西安大华纱厂。从购地到建厂，石凤翔无不参与。纱厂开工时，有织布机 200 台、纱机 9 千锭，是西北第一家机器纺织厂。开工仅半年，纱厂获利 20 万，受到陕西省主席邵力子赞扬。石凤翔锐意经营，不断扩大生产规模，改进生产技术，培养技术人才。1937 年，大华纱厂盈利 123 万，次年，营利高达 476 万。但是，在半殖民地半封建的中国，民族企业生存维艰。随着日寇铁蹄踏入中国，中国企业面临炮火的威胁。1939 年，日军飞机轰炸西安，大华纱厂遭受其害，损失惨重。因设备遭到破坏，产品数量、质量大幅下降。为避开日机再次轰炸，西安大华纱厂不得不拆卸部分机器，迁往四川广元山洞内，设立分厂。

① 蒋乃镛、张祥麟：《纺织实业家石凤翔》，《孝感文史资料（孝南文史资料）》第 5 辑（工商经济专辑），中国人民政治协商会议湖北省孝感市委员会 1988 年编印，第 174 ～ 175 页。

四是担任裕大华公司总经理。1946年，武昌裕华、石家庄大兴、西安大华联合组建裕大华公司，石凤翔担任总经理。石凤翔之所以能担任此职，第一，是因为他具有高超的技术水平和管理能力；第二，可能与蒋介石联姻有一定的关联。石凤翔在西安担任大华纱厂经理兼厂长期间，其女石静宜与蒋介石次子蒋纬国结为伉俪。裕大华因有了蒋介石这座靠山，这桩婚姻似乎也为裕大华带来了实惠：裕大华取得3000万无息贷款、400万面纱补助金、700万税款延期缴纳。抗战胜利后，石家庄大兴纱厂被国民党接收，最后，在石凤翔多方交涉后收回。石凤翔此时也有了从政的想法，曾竞选“国大代表”。

抗战胜利后，在国民党的统治下，民族企业处境仍然艰难。1949年，石凤翔辞去裕大华总经理职务。但是，他仍然从事企业经营与管理，他在大陆创办的企业还有大华酒精厂、秦丰卷烟厂、大华毛纺厂、裕大运输公司、富华碱厂等。

中华人民共和国成立前夕，石凤翔迁移至台湾。晚年在台创建了不少企业。早在1948年就有大秦纱厂，50年代陆续建立正义印染厂、大中纤维工厂、中国人造纤维公司、联合耐隆公司、华隆公司等，企业规模一般在千人以上，“尤以人造纤维工厂，规模宏大，已为中国纺织界开一新纪元，树立人造纤维工业之基础。”因此，石凤翔被誉为台湾化纤工业的奠基人，是声名卓著的企业家。

石凤翔著《棉纺学》封面

在纺织界，石凤翔既重视理论，又重视实践，尤其擅长总结经验，创新技术，他把这些经验进行总结归纳，撰写成理论著作。其代表作有《棉纺学》《纺织业与抗战建国》等书和《中国纺织工业十年计划》《中国经济建设刍言》等文章。《棉纺学》近160万字，插图1200余幅。作为学生教材，内容包括世界棉花之分布、出产、品种、分类、性质及检测；纺织之演进；纺纱之原理、清弹工程、梳棉与精梳、粗纺与精纺、捻线与整理；纺纱机械之安装、运转及保养；工厂之设计，如厂房、动力、采光、照明、空调、除尘、消防、仓储、搬运、灾害之防止、劳工福利及工厂经营。可谓内容系统，包罗万象，举凡棉花种植、纺织技术、工厂建设与管理等知识，应有尽有。书中凝聚着他多年的心得。此书深受好评，后在台湾再版，并被日本《纺织界》杂志介绍，认为“内容丰富，为世界空前之作，诚为纺织学者兼实业家”。①

石凤翔的著作洋溢着爱国主义情感。在《中国棉纺织工业十年计划》中，他从国家富强的角度，阐述发展纺织工业的重要性，并援引英、日等国经验加以阐明：“纺织业有关国家盛衰强弱，不亦深且巨乎？”他主张大力发展中国纺织经济，“吾国除机器一项，尚有待于外人供给外，其余则可无事旁求，苟再继以人力，研究改进，又何不可驾诸英日人之上，而称霸于全世界乎。故今日言而实业救国，其必自整顿纤维事业始，而尤以棉纺织业为最重要。”② 在该文中，他具体规划了中国棉纺织十年蓝图，包括纺织厂在全国各区域的布局、纺织业原料生产与采集、设备的生产与购置、资金的筹集、人才的培养等，体现了他实业救国的主张。

在中国近代纺织界，石凤翔具有很高的地位，他先后被推举为第二区棉纺织工业同业公会理事长、后方民营纺织厂复厂委员会主任委员。到台湾后与纺织界人士建立全国棉纺织工业同业公会联合会，任常务理事；创建纺织工程学会，任理事长达七届之久。著名民主革命家章士钊曾多次赋诗、词称赞他，其中一首是：“四海平生，一家万石，文章经济都希见。汉廷决事仗春秋，秦川织锦成纨缦。白发江湖，红蕖聚散，故人相似珍年晚。天寒且尽小槽红，人来莫道长安远。”③

①《石凤翔先生事迹》，（台北）湖北文献编辑委员会：《湖北文献》第5期，湖北文献社1966年版，第43页。

② 石凤翔：《中国棉纺织工业十年计划》，《全国纺织业联合会第二届大会特刊》，纺织书报出版社1947年版，第60页。

③《踏沙行赠石凤翔兼简有渔》，章士钊著：《章士钊诗词集》，湖南人民出版社2009年出版，第145页。

掘金案发生地在粮道街61号孔庚住宅

孔庚

民国时期，粮道街发生过轰动一时的掘金案，案件的原告正是大名鼎鼎的国民党元老孔庚。①

孔庚（1873—1950），字文轩，号雯掀，湖北浠水人，中国近代民主革命家，民国政坛风云人物。1903年，与吴禄贞等人在花园山组织革命机关，后赴日本留学，1905年，加入中国同盟会。1907年，毕业回国，先后在广西、北京任军职。辛亥革命爆发后，往来于北京、孝感之间，联络同志，谋划革命。中华民国成立后，主办《诚报》，揭露湖北军阀王占元之暴行。1922年，孙中山在广州成立大本营，孔庚任大本营处长。1927年，国民党湖北省政府成立，孔庚为省政府主席。1937年，创办《民族战线》周刊，宣传抗战。1947年，晋升陆军二级上将。

1934年，粮道街发生的掘金案，不仅在当时影响很大，而且流传很久，数十年来似乎常常引起许多人的兴趣，有关故事还具有一定的传奇色彩。

据有人回忆，故事发生的时间在端午节，地点是粮道街61号及其比邻的尚书巷1号孔庚住宅。孔庚住宅原是刘长毛的，是孔庚部下买来送给孔庚的。长毛是民间对太平军的称呼。太平军攻入武昌城后，一刘姓人参加了太平军，后

① 徐实：《官民相争的武昌掘金案》，萧志华主编：《湖北社会大观》，上海书店出版社2000年版，第414～416页。

随之打到南京，他沿途搜刮了不少珍奇异宝，后来投降清军。刘长毛回到武汉，购置不少房产，并将这些珠宝、玉石埋在住宅中，据说有数十、上百个地窖。临死之前，刘长毛向后人说出了 98 个地点，还有 3 处没有说出来就断气了，这 3 处之一就是孔庚住宅下的地窖。

孔庚生日是五月初七，五月初五，孔庚提前外出庆祝生日。那几天连续下雨，雨下得很大，粮道街 61 号隔壁住户彭幼南回家，看到孔庚屋后坡岸坍塌，露出了金灿灿的东西，彭幼南一看，发现是金子，连忙叫他的兄弟一起，进入孔宅挖掘。五月初八，彭幼南等人将所掘金银珠宝用木箱运载到汉阳门，准备过江，运到汉口，结果，被执勤的武汉警备司令部少校副官李俊查获。李俊得知彭幼南所运金银珠宝来自孔宅，便打电话报告孔庚。李俊原来是孔庚部下。乘李俊打电话之机，彭幼南等人带着财宝逃跑。孔庚接到电话，回家一看，发现自家已被盗挖，遗留的金银珠宝仍然还有不少。

孔庚以所有权归己为由，状告彭幼南等人盗窃。彭幼南兄弟一面运往上海藏匿，一面贿赂官员。武汉警备司令部司令叶蓬和法院官员都得到不少油水。官方首先进行调解，但彭幼南故意隐瞒金银珠宝的数量，双方各执一词，调解无效。孔庚派人到黄冈刘长毛老家寻找证据，找到石碑一块，碑文载明各金窖财宝数量大致相同。孔庚派人用木船运到武汉，船行至阳逻时被另外一艘船只撞击，石碑掉落长江，证据丧失。据说，是有人故意毁灭证据。

1935 年，张群出任湖北省政府主席，孔庚请张群出面解决，在张群就职典礼中，孔庚与叶蓬发生争执，彭幼南闻讯后非常害怕，急忙出逃上海，把财宝运到香港。后来孔庚赴南京，向司法院院长居正求助。居正是孔庚黄冈老乡，他下令组织调查团，但此时另一个当事人已经出逃，调查团只好裁断，将彭幼南住宅赔偿给孔庚。轰动一时的掘金案就此了结。

但是故事并没有结束。

1982 年，故事最初的讲述人徐实写到，逃到香港的彭幼南没有善终。抗日战争时期，日军进攻香港时，一颗炸弹正好击中彭幼南豪宅，彭氏兄弟及家人全部被炸死。这个结局具有戏剧性，特别切合中国人“善恶有报”的心理。

粮道街掘金案被广为流传，各个版本说法不一，但叙述的主要情节大致相同。

重要的人，重要的案件，自然受到广泛关注，武昌掘金案就是媒体颇感兴趣的话题，有关报道铺天盖地。《申报》、《大公报》（上海）、《夜报》、《益世报》（天津）、《益世报》（北京）等各大媒体都进行了报道，《益世报》（北京）还聚焦式报道了 7 次。翻阅当时媒体报道，有助于进一步了解真相，原来，媒体报道的一些情节与回忆性文献有较大的出入。

武昌掘金案宣判
彭幼南成立損毀罪
所得贓款追繳沒收

【漢口通信】武昌孔庚宅窖金、於五月三十日被鄰居彭幼南盜掘一案，經孔以損毀竊盜罪，呈請武漢警備司令部嚴辦，旋由該部令武昌建築守望臺全體委員，會同武昌律師公會，組織掘金審查委員會，負責偵查審理，歷時三月以金窖容積頗廣，究竟實有幾種，量有若干，不能得確實證據，追尋賣招告，亦無舉證之人，在法律上自難貿然定讞，審查委員會受警部督責，乃於八月二十六日，召集雙方當事人及證人等，爲最後公開辯論，認定彭幼南實犯有竊盜及損毀罪之重大嫌疑，彭石蓀亦不無串通僞證及同謀隱匿贓物情節，當經決議，送交警部軍法處拘押，二彭入獄後，迄本月十四日，警部軍法處乃正式宣判，主犯彭幼南損毀他人所有物，處拘役三個月，未決前羈押日數，准以二日折抵拘役一日，因犯損毀罪，所得贓款洋二萬四千元，（係彭幼南願繳付之數）追繳沒收，發交守望臺建築委員會，爲增臺建築費，竊盜部份，因不合法律構成之條件，不能成立，彭石蓀無罪，判決後，彭幼南還押，彭石蓀釋放，此案遂告結束，警部當局，是日發表負責談話，略謂「武昌掘金案，由審查委員會將審查結果，加具意見，呈報到部後，本部審核屬實只有依法予以判決，然在判決後，無論任何人，對於彭姓所掘得之贓量詳數，有新的確實証據，可仍照本部前次所發表之招告辦法，以正當手續，詳報到部，本部仍當盡數追出，以謀社會公益」（十月十四日）

《益世报》（北京）1933年10月20日新闻

粮道街尚书巷 1 号究竟藏有多少金银珠宝？ 1933 年《天主公教白话报》第 17 期第 12 号报道说：“汉口前鄂省委孔庚宅，因连日大雨，墙壁坍倒发现藏银七百六十锭，四千余两，约值六千元。”① 从案件的复杂性来看，恐怕远远不止这个数。1933 年 10 月 15 日天津《益世报》就报道说，彭幼南以损毁罪被拘役一个月，追收赃款二万四千元，用于修缮楚望台。显然，这篇报道所说的数量要大得多。其他报刊也多采二万四千元的说法。

彭幼南是否出逃武汉呢？没有。当时的报刊披露了该案的结果：

《社会日报》1933 年 8 月 17 日报道说，彭幼南被拘役后神情颠倒，已有悔意。

---

①《孔庚宅发现藏银》，《天主公教白话报》1933 年第 17 期。

据《申报》报道，审查委员会（即审查团）进行了断裁，断裁时，彭幼南在场，没有缺席。审查委员会总共召开审查会16次，当事人双方还进行过辩论。1933 年 8 月 26 日结案，判处彭幼南盗窃罪和损毁罪。从案件审理过程看，当时盗掘银锭数量为三箱。10 月 16 日《申报》报道说：彭幼南损毁罪成立，所得赃款被没收。报道还提到了一些细节：孔庚向武汉警备司令部呈请处理，该部责令武昌建筑楚望台全体委员，会同武昌律师公会、组织掘金案审查委员会，负责侦查、审理，历时三月，8 月 26 日最终裁决。《申报》也提到了财宝去向及数量：其赃款二万四千元被没收。所以，财宝并没有当时和事后传说得那么多。特别需要强调的是，并不是像有人说的那样，彭幼南一直逍遥法外，更没有出现恶有恶报的结局。真实的历史并没有传闻中那么具有传奇性。

故事到此还没有完结，据 1934 年《法令周刊》《法令公报》刊载，彭幼南不服断裁，曾向最高法院申请重新审理，被驳回。

1950 年，掘金案的主人公孔庚也在粮道街这所老宅子去世。

粮道街来了世界名人

在中国近代，武汉交通便捷，经济发达，教育昌盛，风气开放，是中国主要文化中心之一，大批世界级文化明星，如泰戈尔、杜威、孟禄、杜里舒、伯克赫斯特曾不远万里来到武汉，无一例外地，他们都来到了粮道街。

第一位是泰戈尔。

泰戈尔

拉宾德拉纳特·泰戈尔（1861—1941），出生于印度加尔各答一个富有的贵族家庭。他是诗人、文学家、社会活动家、哲学家和印度民族主义者，第一位获得诺贝尔文学奖的亚洲人。13 岁即能创作长诗和颂歌体诗集。1878 年赴英国留学，1880 年回国专门从事文学活动。1884—1911 年担任梵社秘书，20 年代创办国际大学。1913 年，他以《吉檀迦利》获得诺贝尔文学奖。1941 年写作《文明的危机》，控诉英国殖民统治，宣告祖国必将获得独立解放。

1924 年 4 月 12 日，泰戈尔开始访问中国，在中国掀起了一股“泰戈尔”热浪。4 月，泰戈尔途经香港，12 日在上海登陆。从 4 月 12 日到 5 月 30 日，他访问了上海、杭州、南京、济南、北京、太原、武汉等地，行程数千里，遍及半个中国。所到之处，中国各界热情接待、热烈欢呼。1924 年 5 月 15—16 日的《时事新报》报道徐志摩对泰戈尔的评价：“我个人对于泰氏之牺牲精神、坚忍之志气，伟大之声音，高尚之人格，深为佩服。泰氏有如喜马拉雅山，只有高空中之青天，知道他之诚实伟大。现在的世界，充满了残酷忌刻，吾人解脱的方法，只有向泰戈尔的精神方面去求。”①

《名人武汉足印》“文化卷”较为详细地介绍了泰戈尔在武汉的行程。

5月25日，泰戈尔抵达武汉，在武昌公共体育场，湖北教育界、佛学界联合举行了欢迎会。在公共体育场和辅德学校，泰戈尔做了两场演讲。他还参观了武昌佛学院、汉口栖隐寺。泰戈尔在栖隐寺停留两日，在此地交流和讲学。28日，返回上海，30日离沪回国。

其实，《名人武汉足印》“文化卷”遗漏了一个重要的细节——泰戈尔在粮道街讲学。5月25日，在徐志摩陪同下，泰戈尔在武昌公共体育场出席欢迎会，并发表演说。会后，他赴粮道街辖区的昙华林，参观了一座教堂，应邀在中华大学演讲。但是，泰戈尔在中华大学演讲的详情，因资料缺乏不得而知。

第二位是杜威。

杜威

约翰·杜威（1859—1952），出生在一个中产阶级的杂货商家中。他是美国著名哲学家、教育家、心理学家，实用主义的集大成者，也是机能主义心理学和现代教育学的创始人之一。曾先后于美国密歇根大学、芝加哥大学、哥伦比亚大学长期任教，并在哥伦比亚大学退休。

1919年4月30日，杜威从日本来到上海。此次中国之行是北京大学、江苏省教育会、讲学社、中国公学、尚志学会五个单位邀请来华讲学的，此前，杜威在日本讲学。在两年多的时间里，杜威足迹遍布上海、江苏、浙江、北京、天津、辽宁、河北、山西、山东、湖北、湖南、福建、广东等13个省市，演讲200余场，媒体报道铺天盖地，几乎全国重要的报刊都进行了报道。杜威的思想曾对20世纪前期的中国教育界、思想界产生过重大影响。杜威访问中国期间，见证了五四运动，会见了革命领袖孙

① 陈建军、徐志东编：《远山——徐志摩佚作集》，商务印书馆2018年版，第217～218页。

中山。他还培养了包括胡适、冯友兰、陶行知、郭秉文、张伯苓、蒋梦麟等一批国学大师和学者，对20世纪20年代中国教育改革起到了直接的推动作用。

1920年11月1日，杜威携夫人离开长沙，3日，在蔡元培的陪同下到武汉。他在武汉活动了5天，邀请他的是武汉学生联合会，该会总部设在中华大学，主要成员是中华大学和文华大学的学生，中华大学的陈启天、余家菊起到了穿针引线的作用。两场演讲分别在文华大学的文华公书林和中华大学的大礼堂进行，这就凸显出粮道街在杜威来武汉过程中的作用。

观众对杜威充满期待，所以这两场听演讲的观众爆满。在演讲中，杜威批判了封建制度，鼓吹资产阶级民主主义，也批判了资本主义社会的弊端；他批判了传统的教育制度，主张教育改革；他主张男女平等，赞扬五四运动。当然，主要内容还是宣传他的教育思想与理念。

杜威在武昌高师、利群书社、堤口下段保安会也作了演讲。11月7日，湖北官员、学者欢送杜威，在文华军乐队奏乐声中，杜威夫妇离开武昌，渡江赴汉口，教育界人士设宴饯行，宴会结束，杜威一行乘轮船赴九江。

第三位是孟禄。

孟禄（1869—1947），出生于美国印第安纳州，是教育史学家、比较教育学家。1897年获芝加哥大学哲学博士学位。1902年任哥伦比亚大学师范学院教授，1915—1923年任该院院长。著有《教育史课本》（1905）、《中等教育原理》（1914）、《在演变进程中的中国》（1920），并主编《教育百科全书》（1910—1913）。

孟禄

孟禄访问过日本、菲律宾、土耳其和南美许多国家。自1913年至1941年，他先后13次访华。1925年5月底，孟禄来到武汉。《申报》1925年6月1日、《时报》1925年6月3日作了报道。

1925年5月28日，孟禄携夫人乘“湘源”轮从湖南抵达武汉，受到湖北商、学、报各界人士欢迎，湖北省督军兼省长萧耀南委派副官、教育厅长、武昌大学（今武汉大学前身）校长等到码头迎接。一行人来到武昌大学，孟禄发表了演讲。他演讲的题目是《国家政治及教育》。中午12时，应中华教育改进社湖北社员邀请，孟禄一行到抱冰堂参加欢迎宴会，萧耀南与会。教育厅厅长范鸿泰主持欢迎宴会。孟禄是中华教育改进社名誉董事，此次欢迎宴会也算是该社尽地主之谊。参加宴会的还有社员中华大学校长、武汉中学校长、武昌高中校长，来宾有湖北政务厅厅长、教育厅厅长、文华大学校长、华中大学校长等，以及教授、教员，共数十人。萧耀南和范鸿泰先后致辞，表示欢迎，范鸿泰称赞孟禄“不独为美国大教育家，亦为世界有数之大人物”。[①] 孟禄致辞答谢。欢迎宴会气氛十分热烈，督署还安排军乐队演奏中美两国音乐。

宴会结束后，孟禄赴粮道街中华大学演讲，由该校教师严士佳翻译，听讲者达2000多人，下午4点演讲会结束，孟禄一行渡江到汉口，参加答谢宴会，晚上10点乘车北上。孟禄此行可谓来去匆匆。

第四位是伯克赫斯特。

伯克赫斯特（一译帕克赫斯特，1887—1973），出生于美国威斯康星州一个小城市牛戈。她是美国教育实验家，道尔顿制创始人，程序学习创始人之一。著有《道尔顿制教育》。

伯克赫斯特

1925年7月，伯克赫斯特应邀来华。7月14日，抵达上海。27日到达武汉，下榻武汉青年会。武汉是继上海、南京、苏州之后伯克赫斯特来华的第四座城市，当日，她访问了湖北省教育厅、省教育会、督军署等处。午后出席欢迎宴会，宴会结束后，参加武昌模范小学校务讨论会。晚上，出席在抱冰堂举行的欢迎会。

7月29日上午，伯克赫斯特在中华大学发表演讲，题目是《道尔顿制之哲学方面的研究》。演讲会结束后，赴武昌师范大学参观。中午在督署出席宴会，萧耀南亲自陪同，出席宴会的还有教育厅厅长、中华大学校长等人。宴会结束

①《鄂省之欢宴孟禄博士》，《申报》1925年6月1日第11版。

后，回文华大学寓所休息，下午 4 时，伯克赫斯特参加中华大学举办的道尔顿制研究会的讨论，回答教育界人士提出的问题。晚上，在文华大学参加音乐会。

7 月 30 日，伯克赫斯特在武昌模范小学演讲。

道尔顿制是伯克赫斯特 20 世纪初创行的一种个别化教学形式。其原则主要有两条：一是自由，即学生在身心方面都能自己计划自己的事情，自己克制自己的行动，以此培养学生自我教育的能力；二是合作，即打破班级界限，强调团体活动中的合作和交互作用，使学生在民主合作的氛围中得到发展。1920 年在马萨诸塞州道尔顿中学所创行，因此得名。

伯克赫斯特活动最多的地方还是在今粮道街区域的文华大学、中华大学、湖北省教育会。

第五位是杜里舒。

杜里舒（1867—1941），德国生物学家、哲学家，新活力论代表人物。1886 年从大学预科毕业后，曾在德国生物学家魏斯曼和德国博物学家海克尔的指导下研究动物学。1889 年获哲学博士学位。1891—1909 年在意大利那不勒斯海洋生物研究所工作。1909 年起任海德尔堡大学、科隆大学、莱比锡大学教授。

杜里舒及其夫人

1923 年 1 月 2 日，杜里舒偕夫人在张君劢、瞿世英陪同下，乘船抵达武汉。这是应中华大学寒期演讲会邀请，前来讲学的。湖北政界、教育界、宗教界十分重视，在武昌黄鹤楼（实为奥略楼）设宴欢迎，童子军维持秩序。出席宴会的有湖北省教育厅、宗教厅厅长。李步青致欢迎词，称杜里舒为西方文化的泰斗。杜里舒用德语致辞答谢，张君劢翻译。随后，张君劢也进行演说。宴会毕，在奥略楼前合影。

同日下午 3 时，杜里舒在武昌中华大学作《达尔文学说之批评》的讲演，他以新的生物学理论和生机主义哲学思想批评了达尔文学说。杜里舒肯定物种是变化的，但反对达尔文的进化论。他介绍了当时解释物种由来的两种学说。一种认为物种之由来就像由卵发展成生机体一样，是生命本身所存在的一种自主的东西，是一种自由自主的动力。另一种主张物种的变化是由于环境影响了器官，即器官的变化都是来源于外界的偶然因素，此说称为“积累”的。达尔文学说就属于“积累”论一类。他同意用进化论解释个体生物，但对于物种的全部是否进化，难以断言。参加演讲会的还有德国正副领事、德籍旅鄂要人、德国学者 20 余人。

演讲完毕，中华大学校长陈时在校内宴请杜里舒夫妇。除了上述来宾，还有美籍人士 30 余人，加上其他人员，共有 100 余人参加。晚上 9 时，晚宴结束，中华大学在校园燃放烟火，以示欢悦之情。

3 日上午，萧耀南在督署举行欢迎宴会。10 时，杜里舒夫人在中华大学演讲《德国妇女运动》，听众多为来自湖北省立女子师范学校、湖北省立女子职业学校和各女子小学校师生。她阐述了德国妇女运动的经过与成效：在中世纪，德国妇女受礼教束缚，与古代中国类似。19 世纪，德国实行普及教育，厉行强迫主义，妇女在教育、职业、参政等方面享有与男子平等的权利。她认为，妇女运动在德国为不必要，而在中国则为必要。

下午，杜里舒在中华大学演讲《心与身体之关系》。此日，杜里舒离开湖北北上。

第六位是推士。

乔治·兰森·推士（1863—1944），美国俄亥俄州州立大学的科学教育家。早年执教于中学，后执教于俄亥俄州州立大学、密苏里大学等高校。著有《高中物理》《科学教学原理》等。

为改进中国的科学教育，中华教育改进社、中国科学社等团体邀请美国教育家来华指导，美国教育家孟禄推荐推士来华调查，并指导中国的科学教育。其考察成果撰成《中国的科学与教育》一书。

乔治·兰森·推士

1922 年 6 月 30 日，推士抵达上海，开始了他考察中国科学教育的两年之行，两年中，他的足迹遍及全中国。1923 年 10 月 22 日，推士从重庆到达武汉，住在粮道街内文华大学教员院。《申报》11 月 7 日详细介绍了他在武汉的行程：参观武昌高等师范学校、湖北省立模范小学校、湖北省立第一师范学校、中华大学、武昌外国语专门学校、湖北医学专门学校、湖北省立女子师范学校、湖北省立甲种工业学校、湖北省立第一中学、文华大学及其附中、武昌高等师范学校附中、湖北农业实业学校、湖北商业实业学校、协和师范学校、博文中学、希里达女子学校以及汉口一些学校。他还在武昌做了三场演讲，单独会见了教育厅厅长宗彝、文华大学校长孟良佐、湖北省长萧耀南。

◉推士博士到鄂

推士博士受中華教育改進社之聘、調查全國科學教育、已歷數省、本月二十二日由重慶抵鄂、住文華大學教員院、關於翻譯事項、由林卓然梅經言博士、暨嚴士佳林和成諸先生擔任、現已將參觀及講演日期定好、分述於下、十月二十三日上午、參觀武昌師範大學、下午一時訪教育廳長宗彝生、二時參觀省立模範小學、二十四日上午參觀第一師範、下午訪蕭耀南、二十五日上午參觀中華大學、下午一時參觀外國語專校、三時赴教職員聯合會歡迎會、演講『教師之責任、』晚七時赴中華教育改進社湖北社員聚餐會、二十六日上午參觀醫學專門學校及女子師範、在女子師範講『女子教育、』下午二時赴省教育會歡迎會、晚七時赴中華大學聚餐會、八時講『科學與教育之關係、』二十七日上午、參觀甲種工業及第一中學、下午參觀文華大學及附屬中學、晚七時赴文華大學校長孟氏聚餐會、二十八日上午爲武漢中等以上學生講演、午刻赴教育廳長宗彝生讌會、二十九日上午參觀師大附中及農商兩實業學校、下午二時開理科教員討論會、三十日上午參觀協和師範及博文中學、下午參觀希理達女校、三十一日上下午參觀漢口學校、并游覽名勝、十一月一號上午游覽名勝、晚赴寗、除上列日程外、并爲湖北計畫設置『公共科學試驗所、』分四年籌設、經費二十萬元、至理科教員、則乘此機會、組織『科學教學研究會、』俟簡章擬定後、尙擬請推士博士指示一切、

《申报》1923年11月7日报道

他活动区域很广，但在粮道街活动时间最长、次数最多。他不仅住在文华大学，考察的学校也以粮道街为最多，中华大学、文华大学及其附中、湖北省立甲种工业学校、湖北省立第一中学都位于粮道街。报道中提到的四次聚餐有两

次在粮道街，一次是中华大学，一次是文华大学。三场演讲有一场在粮道街，即在中华大学演讲《科学与教育之关系》。在演讲中，他认为：西方科学的进步，使生产力发达，人民智识增高。但是，科学发达却被少数人垄断，则产生的弊害很大。所以，"科学上之发明，非一人所当私，应对全人类有所贡献，应为全世界谋幸福。"他指出："中国之管理者为谁，当然属于曾受最高等最良好之教育学生，盖以其思想高尚、足使人人信仰也。彼时诸君管理国事，为国家谋安宁之法。"① 如此，科学才能造福中国。

11 月 1 日，推士离开武汉，前往南京。

世界级文化大师的到来，使得粮道街成为湖北乃至全国国际学术交流的前沿和中心。

①《推士博士演讲纪录》，《时事新报》1923 年 11 月 2 日第 4 版。

参考文献

历史文献类

林传甲总纂、阮麟运分册编纂:《大中华湖北省地理志》,京师中国地学会1919年出版。

湖北省人民政府文史馆、湖北省博物馆:《湖北文徵》(第11卷),湖北人民出版社2000年出版。

吴剑杰主编:《湖北咨议局文献资料汇编》,武汉大学出版社1991年出版。

中国人民政治协商会议湖北省暨武汉市委员会:《武昌起义档案资料选编》,湖北人民出版社1981年出版。

张影辉、孔祥征编:《五四运动在武汉史料选辑》,湖北人民出版社1981年出版。

张研、孙燕京主编:《民国史料丛刊:文教·教育概况》,大象出版社2009年出版。

成都体育学院体育史研究所著:《中国近代体育史资料》,四川教育出版社1988年出版。

湖北教育厅编审委员会:《民国二十二年湖北教育概况统计》,汉口新昌印书馆1934年出版。

《湖北省教育会会务概况》,湖北省教育会1924年编印。

《湖北教育最近概况》,湖北省教育厅1932年编印。

湖北省教育厅:《教育部督学视察湖北教育总报告》, 1934 年编印。

湖北省地方志编纂委员会:《湖北省志: 教育》, 湖北人民出版社 1993—1997 年出版。

湖北省地方志编纂委员会:《湖北省志: 宗教》, 湖北人民出版社 1993—1997 年出版。

湖北省地方志编纂委员会:《湖北省志: 人物志稿》, 光明日报出版社 1989 年出版。

武汉地方志编纂委员会:《武汉市志: 教育》, 武汉大学出版社 1991—1999 年出版。

武汉地方志编纂委员会:《武汉市志: 文化》, 武汉大学出版社 1991—1999 年出版。

武汉地方志编纂委员会:《武汉市志: 人物》, 武汉大学出版社 1991—1999 年出版。

中国李大钊研究会编著:《李大钊全集》, 人民出版社 2006 年出版。

任建树、张统模、吴信忠编:《陈独秀著作选》, 上海人民出版社 1993 年出版。

李烈主编:《贺龙年谱》, 人民出版社 1996 年出版。

李文宜著:《李文宜回忆录》, 东方出版社 2004 年出版。

恽代英:《恽代英文集》, 人民出版社 1984 年出版。

李良明、钟德涛主编:《恽代英年谱》, 华中师范大学出版社 2006 年出版。

《回忆恽代英》, 人民出版社 1985 年出版。

武汉二七纪念馆、中共竹山县委党史资料征编委员会编:《施洋纪念文集》, 华中师范大学出版社 1987 年出版。

黄钢、陈辉汉、黄铁编:《黄负生纪念文集》, 武汉出版社 2003 年出版。

徐向前著:《徐向前回忆录》, 解放军出版社 2007 年出版。

郭沫若:《郭沫若自传(第 4 卷): 洪波曲》, 贵州教育出版社 2012 年出版。

老舍著:《老舍自传》, 广东人民出版社 2018 年出版。

严昌洪、张铭玉、傅蟾珍主编:《张难先文集》, 华中师范大学出版社 2005

年出版。

何卓恩编:《殷子衡张纯一合集》, 华中师范大学出版社 2011 年出版。

马胜云、马兰编著:《李四光年谱》, 地质出版社 1989 年出版。

聂洪钧著:《聂洪钧回忆与文稿》, 中共党史出版社 2005 年出版。

伍修权著:《伍修权回忆录》, 中国青年出版社 2009 年出版。

报刊杂志类

期刊

(台北)湖北文献编辑委员会:《湖北文献》, 湖北文献社出版。

《湖北文史资料》

《武汉文史资料》

《武昌文史》

《汉阳县文史资料》

《孝感文史资料》

《枝江文史资料》

报纸

《申报》

《新闻报》

《时报》

《大公报》

《国闻周报》

《国民新报》

《神州日报》

《汉口新闻报》

《汉口民国日报》

《汉口中西报》
《益世报》(北京、天津)
《社会日报》
《新华日报》
《中央日报》
《东方杂志》
《湖北官报》
《湖北教育官报》
《湖北学报》
《北洋官报》
《南洋官报》
《通问报·耶稣教家庭新闻》
《时事新报》
《法令周刊》
《文华图书馆学专科学校季刊》
《武昌中华大学二十周年纪念特刊》
《战时教育》
《抗战半月刊》

著述类

[日]水野幸吉著:《汉口》,上海昌明公司1908年出版。

罗福惠著:《湖北通史》(晚清卷),华中师范大学出版社1999年出版。

田子渝、黄华文著:《湖北通史》(民国卷),华中师范大学出版社1999年出版。

苏云峰著:《张之洞与湖北教育改革》,(台湾)"中央研究院"近代史研究所1983年出版。

陈东原著:《中国教育史》,商务印书馆1936年出版。

熊贤君主编:《湖北教育史》,湖北教育出版社 1999 年出版。

张继才著:《荆楚文化史》(近代卷),湖北教育出版社 2021 年出版。

严昌洪、张继才、何广编著:《昙华林编年史》,武汉出版社 2020 年出版。

杨朝伟主编:《历史文化街区昙华林》,武汉出版社 2006 年出版。

刘翔编著:《武昌老地名》,武汉出版社 2007 年出版。

武昌区政协文史编辑委员会编:《武昌老地名——人文自然地名》,武汉出版社 2008 年出版。

郭家齐主编:《黄麻起义》,武汉大学出版社 1987 年出版。

张继才、高春雪著:《群星璀璨:武汉科技大学校史人物(1898—1949)》,湖北人民出版社 2018 年出版。

裴高才、陈齐著:《中华大学校长陈时》,华中师范大学出版社 2022 年出版。

[美]柯约翰著:《华中大学》,马敏、叶桦译,李亚丹校,华中师范大学出版社 2003 年出版。

马敏、黄晓玫、汪文汉主编:《华中师范大学校史(1903—2013)》,华中师范大学出版社 2013 年出版。

周洪宇著:《不朽的文华——从文华公书林到文华图书馆学专科学校》,华中师范大学出版社 2013 年出版。

李良明著:《林育南传记》(修订本),华中师范大学出版社 2018 年出版。

曾成贵著:《鹃血忠魂许白昊》,中国工人出版社 2017 年出版。

古文选、晨鹤注:《革命烈士诗选》,吉林人民出版社 1999 年出版。

许颖、马志亮著:《武昌老建筑》,武汉出版社 2019 年出版。